非金属的奇妙世界

[英] 艾伦 · B.科布 ◎ 著

彭　剑 ◎ 译

上海科学技术文献出版社
Shanghai Scientific and Technological Literature Press

图书在版编目（CIP）数据

化学在行动．非金属的奇妙世界 /（英）艾伦•B. 科布著；彭剑译．—上海：上海科学技术文献出版社，2025.
—ISBN 978-7-5439-9095-1

Ⅰ．O6-49

中国国家版本馆 CIP 数据核字第 2024S9K736 号

Nonmetals

BROWN BEAR BOOKS A Brown Bear Book

Devised and produced by Brown Bear Books Ltd, Unit G14, Regent House, 1 Thane Villas, London, N7 7PH, United Kingdom

Chinese Simplified Character rights arranged through Media Solutions Ltd Tokyo Japan email: info@mediasolutions.jp, jointly with the Co-Agent of Gending Rights Agency (http://gending.online/).

图字：09-2022-1060

责任编辑：付婷婷
封面设计：留白文化

化学在行动．非金属的奇妙世界
HUAXUE ZAI XINGDONG. FEIJINSHU DE QIMIAO SHIJIE
[英]艾伦•B. 科布　著　彭　剑　译
出版发行：上海科学技术文献出版社
地　　址：上海市淮海中路 1329 号 4 楼
邮政编码：200031
经　　销：全国新华书店
印　　刷：商务印书馆上海印刷有限公司
开　　本：889mm×1194mm　1/16
印　　张：4.25
版　　次：2025 年 1 月第 1 版　2025 年 1 月第 1 次印刷
书　　号：ISBN 978-7-5439-9095-1
定　　价：35.00 元
http://www.sstlp.com

目录

1 氢元素

氢是一种气态元素，位于元素周期表顶部占据首位。它是所有其他元素形成的要素，这个过程始于恒星。

氢是所有化学元素中最轻的，同时也是宇宙中极为常见的元素。按质量计，宇宙中约75%的物质是氢；按实际原子计，宇宙中90%以上的原子是氢原子。然而，地球大气中的氢却十分稀少，这是因为氢原子很轻，它们可以摆脱重力，飘向太空。尽管氢在大气中很稀少，但它是地球上第十丰度的元素。水中含有大量的氢。另外，化石燃料中的甲烷（CH_4）和碳氢化合物也含有氢。

物理性质

氢的原子质量（即氢原子核中质子的质量）为1.007 94。氢气无色、无嗅、无味。在标准温度和压力下，氢气是一种气体。在宇宙中的大部分地方，氢以等离子体的形式存在，等离子体是一种处于高能状态的物质。在恒星中，由于极端压力和温度的存在，氢会发生核聚变反应。两个氢原子相互吸引碰撞会形成一个氦原子，这个反应过程会释放出大量能量，如热和光。

大部分外层空间都充满了氢。这个星系显示，形成该支柱的巨大氢云是新的蓝白氢恒星的诞生地。

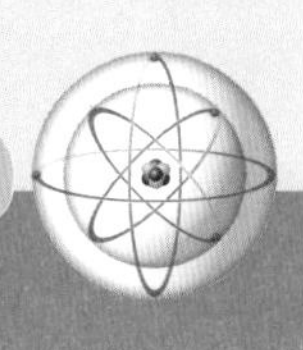

在32°F（0℃）下，氢的密度为每升0.089 88克，是所有元素中最轻的。氢的熔点为−434.4°F（−259.1℃），沸点为−423.2°F（−252.9℃）。由于其沸点很低，所以游离态（未化合）氢总是以气体的形式出现。

▲ 石油钻井平台必须通过燃烧来清除甲烷（CH_4）气体。甲烷是氢气的主要来源之一。

化学性质

氢是元素周期表中的第一个元素。因为其原子核中有一个质子，所以氢的原子序数为1。氢原子核通常由一个质子组成，在围绕该原子核的轨道上只有一个电子。质子和电子是组成原子的微小粒子。为了形成稳定的分子，氢原子以两个氢原子键合在一起的形式存在。这两个原子的排列使氢成为双原子分子。双原子意指“两个原子”，是非金属元素的常见形式。

氢气非常活泼。当被点燃时，它能与氧剧烈反应生成水。此外，氢气还能与空气、卤素和强氧化剂（活性氧化合物）剧烈反应，极易造成火灾和爆炸。这些反应可用铂和镍等催化剂（加速反应发生的物质）来加快反应速率。氢气也容易与碳反应形成有机化学物质（含有大量碳和氢原子的复杂物质）。

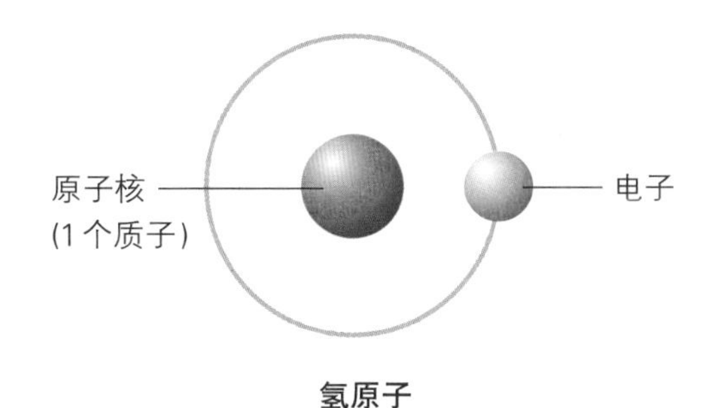

氢原子

◀ 氢是所有元素中最简单的。氢原子只包含一个质子和一个电子。

关键词

- **原子**：构成自然界各种元素的基本单位。
- **元素**：具有相同核电荷数（质子数）的同一类原子的总称。

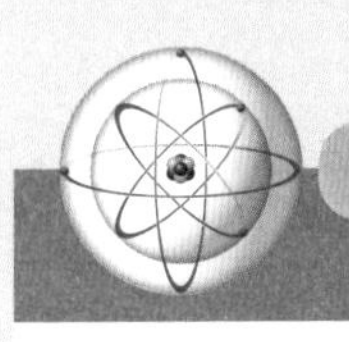

化学在行动

兴登堡号飞艇

兴登堡号飞艇的惨痛经历表明，氢气的化学性质和物理性质具有毁灭性的力量。该飞艇建于1936年，比3架波音747加起来还要长，是有史以来最大的飞艇。为了使它密度比空气小，人们给它充满了氢气。因为氢是一种很轻的元素，所以飞艇获得的升力很大。20万立方米的氢气可提升123.3千克的重量。该飞艇由四台柴油发动机驱动，最高时速为135公里/小时。在前往美国途中，兴登堡号证明了氢的一个关键化学性质。1937年5月6日，兴登堡号飞艇在新泽西州莱克赫斯特海军航空站起火燃烧。虽然确切的起火原因尚不清楚，但这一事件无疑凸显了氢的可燃性。

▲ 兴登堡号飞艇在新泽西海军基地上空起火。飞艇中充满了极易燃烧的氢气。在后来的飞艇中，氢气被完全安全的氦气所取代。

重要的反应

氢的化学性质很活泼，能发生很多反应。氢在有氧环境下燃烧生成水，并能释放能量。由于释放的能量巨大，故与氢气相关的其他反应往往也很剧烈。不过，含氢化合物的反应通常并不是很剧烈。碳氢化合物燃烧可为发动机提供热量。酸与活泼金属反应可释放氢气。

含氢化合物

水可能是地球上最重要的含氢化合物。水是生命不可或缺的物质。水是生物体的重要组成成分。水约占人体重量的三分之二。将溶解的物质输送至全身需要水，体内的许多生化反应也需要水。植物利用水和二氧化碳生成有机物和氧气。

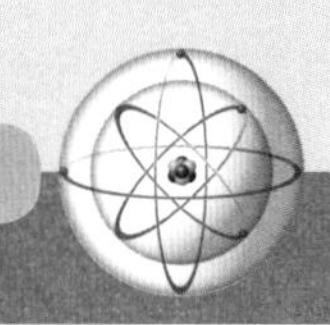

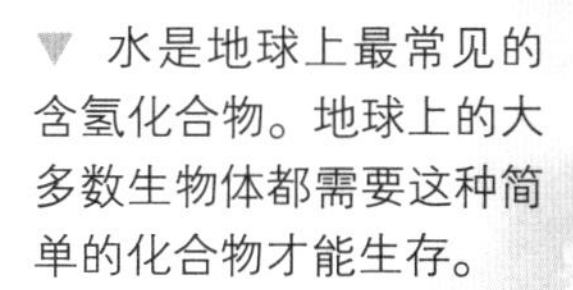

▼ 水是地球上最常见的含氢化合物。地球上的大多数生物体都需要这种简单的化合物才能生存。

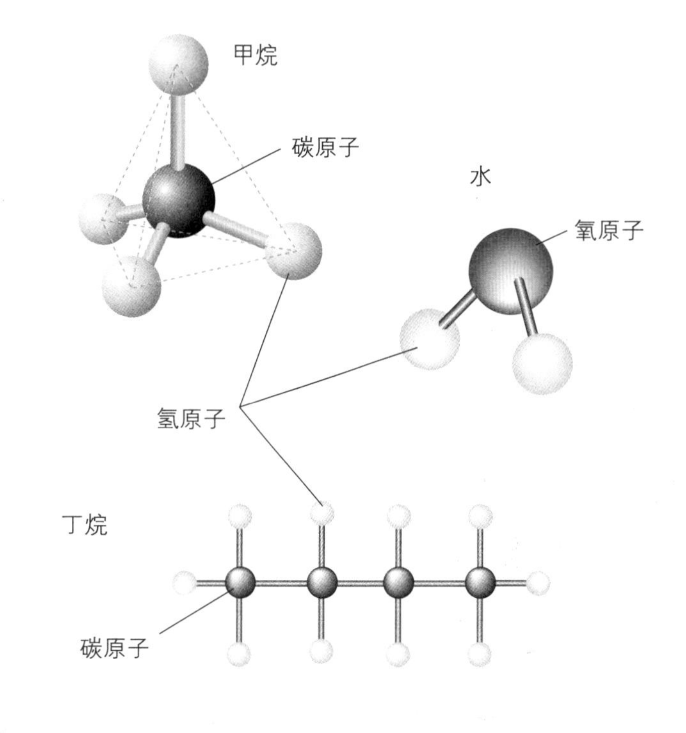

▲ 含氢化合物有水、甲烷和丁烷等长链碳氢化合物。

碳氢化合物也是重要的含氢化合物，其种类高达数百万种。最简单的是甲烷。除甲烷外的碳氢化合物都包含了键合在一起的许多碳原子键。氢原子填充了碳原子上所有剩余的化学键。

同位素

如前所述，大多数氢原子都只含有一个质子和一个电子。事实上，99.985%的氢原子只有一个质子和一个电子。此外，氢还有其他同位素。同位素是一种元素的变体，它具有相同数量的质子和电子，但中子数不同。

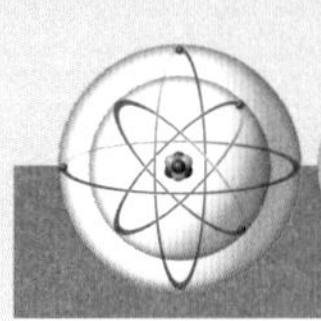

◀ 锌粒。标准的实验室制氢方法是在试管中用稀硫酸浸泡锌粒。氢气气泡会从锌粒上冒出。如果在试管顶部放一根点燃的火柴，就可以听到“砰砰”声。

实验室制氢

实验室制氢的最常见方法是用酸或碱与活泼金属中的一种发生反应。根据酸的标准定义，任何产生阳离子都是氢离子（H^+）的物质都是酸。当向活泼金属（如锌）中添加酸时，就会反应生成氢气和盐：

$$Zn + 2HCl \longrightarrow ZnCl_2 + H_2$$

锌　盐酸　氯化锌　氢气

中子是没有电荷的粒子。有别于其他元素的是，氢元素的不同同位素其名称并不相同。氢最常见的同位素称为氕。氢的第二种同位素称为氘，其原子包含一个质子、一个中子和一个电子，这种同位素原子约占所有氢原子的0.015%。氘可用来制造核工业和实验中所使用的“重水”（D_2O）。氢的第三种同位素称为氚，其原子包含一个质子、两个中子和一个电子。氚非常罕见。

化学在行动

氢燃料

随着石油资源日益枯竭，氢动力汽车在未来可能会变得更加普遍。然而，与化石燃料不同，地球上找不到游离态氢。因此，使用氢气作为燃料的任何方法都需要消耗能量来生产氢气。但是，这并不能否认氢是种好燃料。氢气可被用作将火箭送入太空的动力。宝马公司目前正在研制一款氢动力汽车。氢动力汽车的主要优点之一是不会排放任何污染物。氢燃烧的唯一产物是水。

▶ 一辆氢动力汽车正在加气。

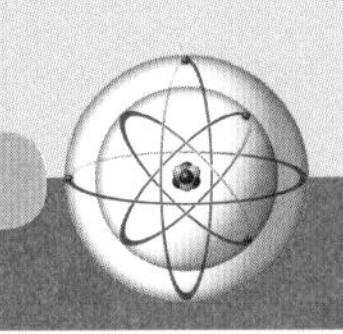

根据碱的标准定义，任何产生氢氧根离子（OH^-）的物质都是碱。当水（也是氢氧根离子的来源）被添加到钠（Na）等活泼金属中时，会反应生成氢气和碱（氢氧化钠，NaOH）：

$$2Na + 2H_2O \longrightarrow 2NaOH + H_2$$

工业制氢

氢的商业化制备主要有两种方法。其中一种方法是从碳氢化合物中分离出氢，这种常用方法称为甲烷的蒸汽重整。蒸汽（水蒸气）在高温下与甲烷反应生成一氧化碳（CO）和氢气。同时，该反应还是在高压下进行的，因此受压氢气可用于工业过程。甲烷蒸汽重整的化学反应式如下：

$$CH_4 + H_2O \longrightarrow CO + 3H_2$$

上述反应产生的一氧化碳可与水发生另一个反应，以产生更多的氢气：

$$CO + H_2O \longrightarrow CO_2 + H_2$$

另一种主要的制氢方法是电解水。电流通过水可生成氢气和氧气。

氢气通常是通过氯碱法生产的。在此方法中，电流通过氯化钠溶液，然后生成氯气、氢气和氢氧化钠。

◀ 一家制氢厂。在氯碱工艺中，电池组被用来制氢。该工艺还使用盐水，并使电流通过盐水。

2 碳元素

目前已知碳元素可形成近千万种化合物。含碳化合物是地球上所有生命的基础。从非常硬的金刚石到非常软的石墨，碳元素的种类繁多。

碳是一种非金属化学元素。它在元素周期表中的符号为C。碳的原子序数为6，原子质量为12.010 7。碳是宇宙中第六丰富的元素。碳最为人所知的一点是，它构成了所有已知生命的基础元素。含碳化合物通常是有机化学研究的对象。本章重点介绍无机碳，仅涉及少量有机化学知识。

碳元素的物理性质

碳以多种不同的形式或同素异形体存在。石墨是碳的同素异形体之一，同时也是已知非常软的矿物质之一，可与黏土等混合制成铅笔笔芯。石墨的密度为2.267 g/cm^3。金刚石是一种迥然不同的碳同素异形体，是最坚硬的天然矿物质。金刚石的密度为3.513 g/cm^3。石墨和金刚石在物理性质上的这种巨大差异与它们的碳原子排列有关。

金刚石是最著名的一种碳元素存在形态。数千年来，金刚石一直被视为宝石珍藏。此外，金刚石还是已知最坚硬的物质。切割后的金刚石可以发出绚烂夺目的光泽。

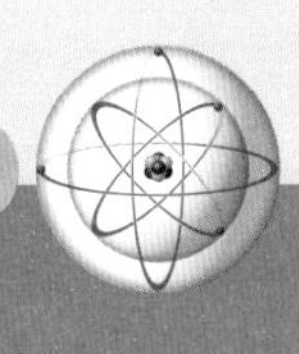

◀ 铅笔的标志性材料就含有石墨这种碳同素异形体。为了制作铅笔，将水添加到石墨粉、黏土粉和蜡粉中，然后通过模具制成细棒。上述材料的韧性在高温窑中获得增强，制成的细棒被嵌入到木质护套中。

碳几乎总是以固体形式存在，其熔点为6 381°F（3 527℃），沸点为7 281°F（4 027℃）。因为它熔点极高，所以地球上不可能自然出现液态或气态碳。但在恒星中，液态或气态碳是可能存在的。

化学性质

碳之所以拥有如此丰富的存在形态，是因为它有许多不同的组合方式。碳的半满外层电子层相对较小，这使得它具有许多特性。为了填充其外层电子层，碳需要通过与其他原子共享电子来形成4个共价键。这些共价键可以是单键、双键甚或三键。碳是少数几种能形成4个键的元素之一，也是唯一具有如此多可能键构形的元素。此外，碳还具有与其他碳原子及许多其他元素键合的能力，因而可以形成碳原子长链。这些碳原子长链构成了有机化学的基础。

碳同素异形体

碳同素异形体是指碳能呈现的不同分子结构。除石墨和金刚石外，碳还有许多其他同素异形体。

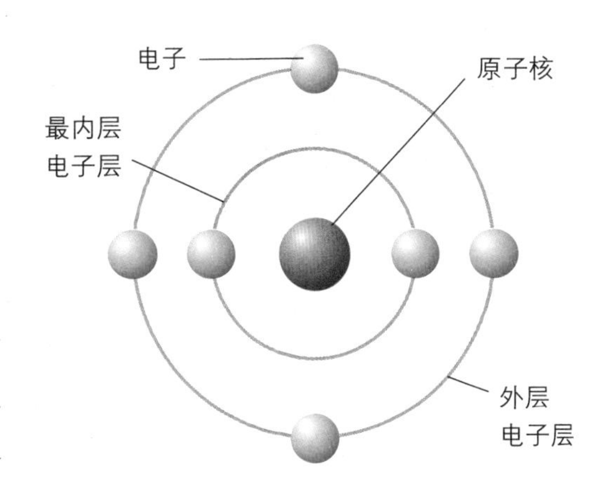

◀ 未键合的碳原子在其最内层电子层中有2个电子，在其外层电子层（或价壳层）中有4个电子。为了填满其外层电子层，该原子需要与其他原子形成4个键。原子核包含6个质子，这使得碳的原子序数为6。原子核还包含6个中子。将中子和质子的数量相加，可得碳的相对原子质量为12。

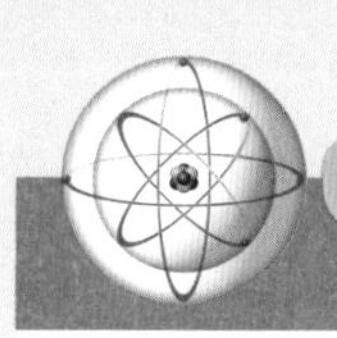

无定形碳是一种缺乏晶体结构的碳同素异形体。人们有时将煤和煤烟称为无定形碳。

富勒烯这种碳同素异形体于1985年被发现，是以科学家兼建筑师理查德·巴克敏斯特·富勒（1895—1983）的名字命名的。富勒烯是完全由碳原子组成的微小中空球状或管状分子。球形富勒烯有时被称为巴基球，而管状富勒烯则被称为纳米管或巴基管。碳纳米管的直径约为人类头发丝直径的5万分之一。

另一种富勒烯同素异形体是聚合金刚石纳米棒或聚合钻石纳米棒（ADNR），其形状类似于纳米管，但结构与金刚石相同。富勒烯聚合钻石纳米棒是已知最硬的物质——甚至比金刚石还硬。

还有一种被称为碳纳米泡沫的同素异形体，这是一种由松散三维网状物连接在一起的低密度碳原子团族，于1997年被发现。每个团族由约4 000个碳原子组成。

▼ 当富含碳的物质燃烧（如在公寓火灾中）时，碳以烟的形式释放出来。烟及其留下的煤烟残渣有时被称为无定形碳。

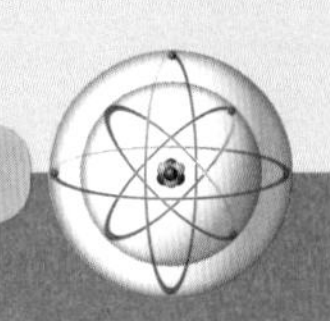

近距离观察

钢铁冶炼

铁矿石中含有硫和氧等大量杂质，以及未键合的元素铁（Fe）。在用铁矿石炼钢之前，人们必须先去除这些杂质。可通过熔炼工艺将纯铁从矿石中提炼出来。为了去除杂质，将以焦炭形式存在的碳添加到熔融铁矿石中。碳起到了还原剂的作用（提供电子），它通过与杂质键合去除杂质，留下纯元素铁。

▶ 在一家现代炼钢厂，铁水正被倒入铁水罐车中。人类冶炼铁矿石至少已有3 000年的历史。

像石墨一样，碳纳米泡沫以片状连接在一起，其密度只有空气的几倍，且导电性很差。

碳还有另外两种十分罕见的同素异形体，即六方金刚石和紊碳，它们仅在发生陨石撞击的地方出现过。六方金刚石是一种金刚石同素异形体，它可能是在陨石撞击时产生极高温度和压力的地方形成的。

紊碳被认为是石墨的同素异形体。它最初是在德国巴伐利亚州的一个撞击坑中被发现。与石墨相比，紊碳稍硬，原子排列也略有不同。

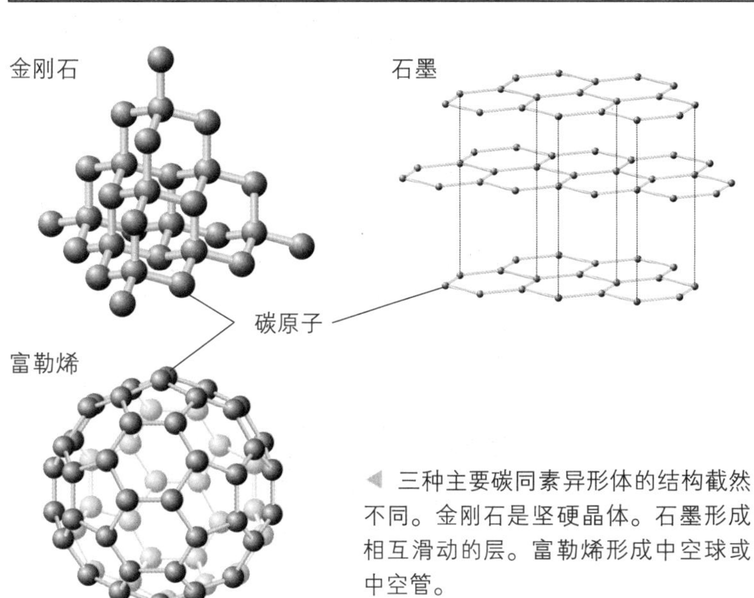

◀ 三种主要碳同素异形体的结构截然不同。金刚石是坚硬晶体。石墨形成相互滑动的层。富勒烯形成中空球或中空管。

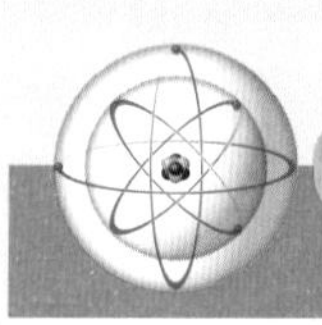

化学在行动

人造金刚石

人造金刚石在化学性质和结构上与天然金刚石相同。唯一区别是人造金刚石是在实验室里制造的。将碳暴露在极高温度和压力下可制造人造（或合成）金刚石。这个过程与金刚石自然形成的方式类似。人造金刚石技术可用于制造平滑和抛光物质的磨料。在2004年以前，人们只能生产小的人造金刚石碎片。2004年，人们发现了一种制造长约1厘米的高品质金刚石的方法。这些人造金刚石是在高温高压下由熔融石墨制成的。

然而，并非所有科学家都认为紊碳是真正的碳同素异形体。

碳同位素

与其他元素一样，碳有许多不同的同位素。同位素是原子核中质子数相同而中子数不同的元素形式。因此，同位素具有不同的质量数（质子和中子数之和）。为了区分同位素，在同位素名称后加上了质量数。大多数碳以碳-12或其同位素形式存在。碳-12非常稳定，有6个质子和6个中子。碳-12约占所有碳的98.9%。多1个中子的碳-13也是一种稳定的碳同位素，约占碳原子的1.1%。这两种同位素都不会经历放射性衰变。

▼ 美国亚利桑那州的巴林杰陨石坑是数千年前峡谷暗黑陨石撞击地球时形成的。科学家们认为，撞击产生的热量和压力在陨石中形成了微小的六方金刚石晶体。六方金刚石是种非常坚硬的碳同素异形体，但它没有金刚石那么硬。

▶ 人造金刚石是在工厂制造出来的，需高热高压工艺才能成功制造。

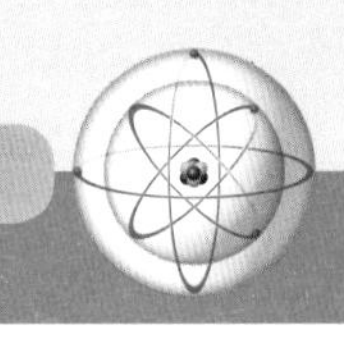

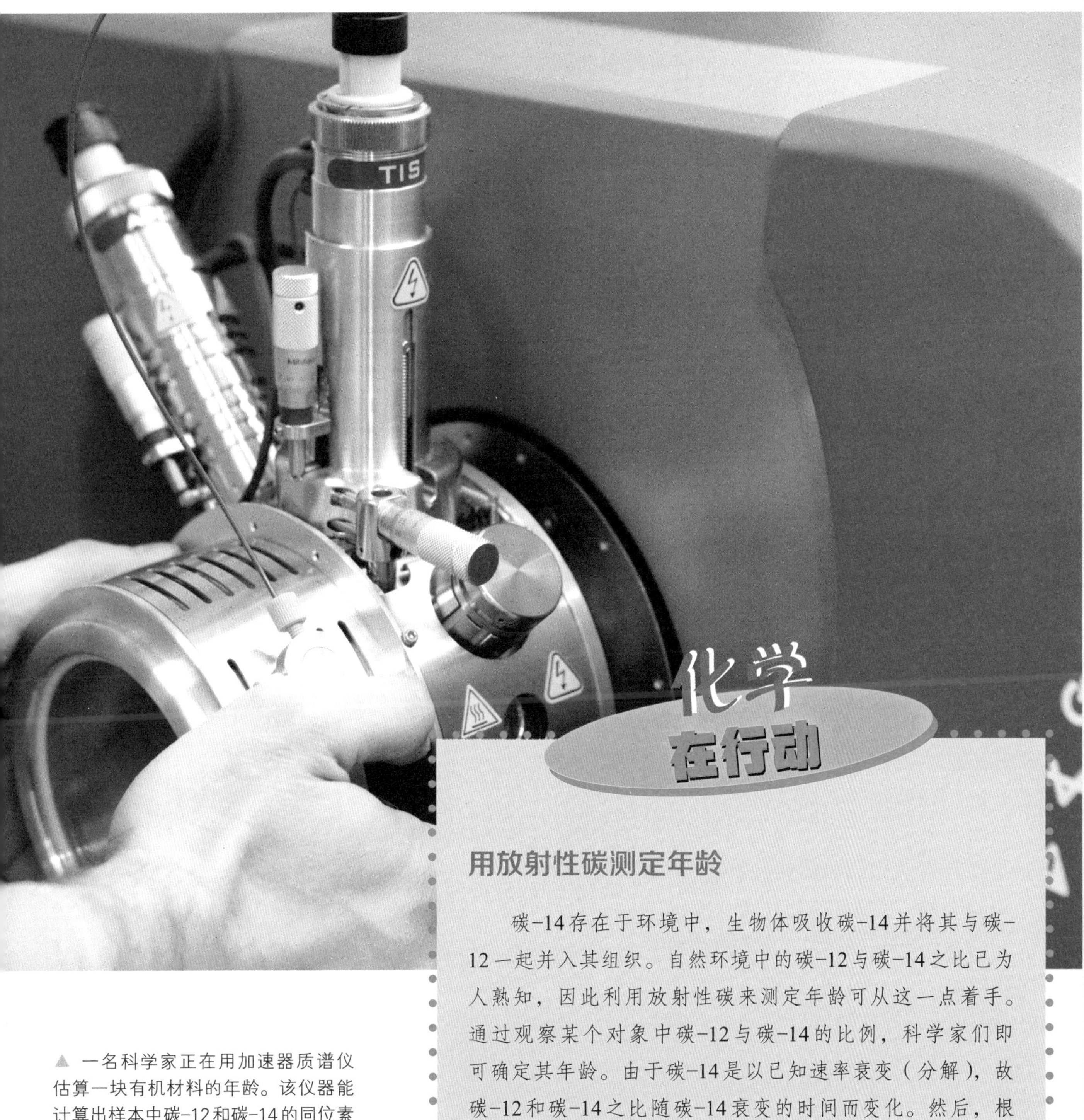

▲ 一名科学家正在用加速器质谱仪估算一块有机材料的年龄。该仪器能计算出样本中碳-12和碳-14的同位素比例。由于碳-14是以已知速率衰变（分解），故科学家们可以测算出样品的年龄。

用放射性碳测定年龄

碳-14存在于环境中，生物体吸收碳-14并将其与碳-12一起并入其组织。自然环境中的碳-12与碳-14之比已为人熟知，因此利用放射性碳来测定年龄可从这一点着手。通过观察某个对象中碳-12与碳-14的比例，科学家们即可确定其年龄。由于碳-14是以已知速率衰变（分解），故碳-12和碳-14之比随碳-14衰变的时间而变化。然后，根据两种碳同位素之比即可确定材料的年龄。

碳同位素共有15种，包括从碳-8到碳-22。除碳-12和碳-13外，其他13种碳同位素都十分稀有，且其中12种的重要性都很有限。唯一值得注意的其他碳同位素是碳-14（或放射性碳）。碳-14有8个中子，不稳定，它在经历放射性衰变后会变成氮-14。碳-14的半衰期为5 730年。

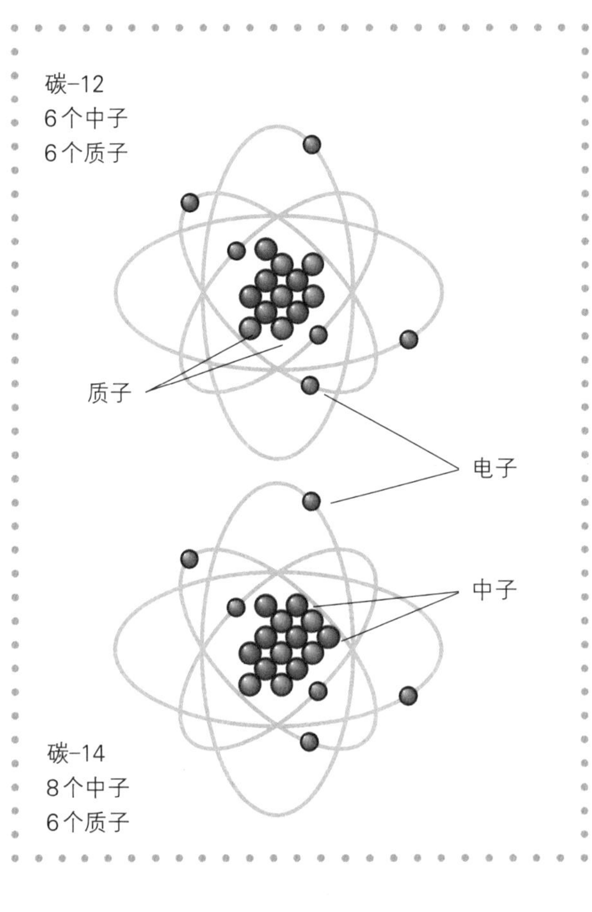

▲ 碳-12是最常见的碳同位素。它比另一种同位素——碳-14稳定得多，碳-14逐渐衰变形成氮-14。

存在碳的地方

含碳化合物超过了1 000万种，其中绝大多数是有机化合物，如烷烃、烯烃、炔烃、氨基酸和脂肪酸。作为生命的一部分，这些有机化合物非常重要。

石油中含有许多不同的有机化合物。具体来讲，石油是由各种碳氢化合物构成的复杂混合物。碳氢化合物仅含有碳和氢，它们具有碳的“骨架”。从石油中提取的碳氢化合物可用于制造汽油、柴油以及生产塑料所需的石化产品。此外，有机碳还存在于煤和天然气中。

碳还存在于无机化合物中，美国、俄罗斯、墨西哥和印度的石墨储量十分丰富。金刚石产于与古代火山有关的矿物质金伯利岩中，南非、纳米比亚、刚果、塞拉利昂和博茨瓦纳的金刚石储量最高。

石灰石、白云石和大理石等碳酸盐岩中也含有碳。从温暖的热带海洋中析出的碳酸盐会形成碳酸盐岩。石灰石中含有碳酸钙（$CaCO_3$），白云石中含有碳酸镁（$MgCO_3$）。在高温高压下，石灰石会发生变化，形成大理石。大多数地区都有碳酸盐岩，这意味着其地质构造中含有大量的碳。

共价碳键合

碳原子的外层电子层中有4个电子，它们被称为价电子。因为需要8个电子来填充最外层电子层，所以一个碳原子可以再接受4个电子。最简单的方法是接受4个氢原子，这样便会产生甲烷这种最简碳氢化合物。可通过用一个碳原子来取代一个氢原子的方式形成一条链，烃链就是这样产生的。因为电子是在碳和其他元素之间共享，所以它们被称为共价键。

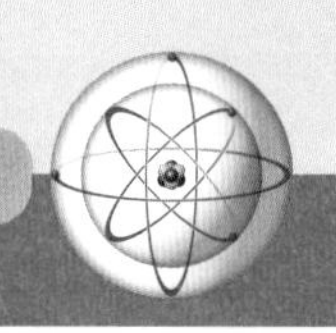

共价键常常出现在具有相似电负性的元素中。元素吸引其他电子的能力可用电负性来衡量。由于非金属不容易失去电子，故共享电子是填充其最外层电子层的最佳方式。如前所述，碳可以有单键、双键或三键。碳通常与氢、氮、硫、氧和氯等元素结合。

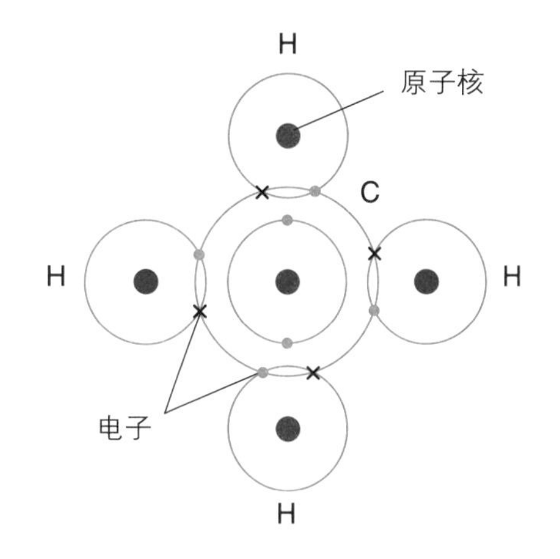

◀ 甲烷是最简单的碳氢化合物。碳原子的价壳层由来自4个氢原子的电子填充。当一个氢原子被另一个碳原子取代时，会产生更复杂的碳氢化合物。

▼ 挖掘机将露天煤矿中的煤炭装到卡车上。

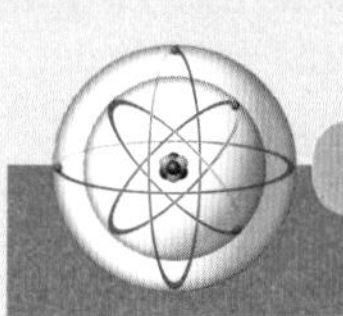

因为碳与另外几种元素具有相似的电负性，所以它能成为数百万种不同化合物的组成元素。通过连接成链甚至环，碳原子可产生大量不同化合物。碳形成长链的能力称为链化。链化所形成的碳-碳键相当牢固且稳定。

碳氢化合物

最简单的含碳化合物是烷烃类化合物。烷烃是碳原子之间只有单键的烃，如丙烷（C_3H_8）和丁烷（C_4H_{10}）是常见的烷烃。当一种碳氢化合物的碳原子之间只有单键时，它的氢原子数就可能最大。因此，烷烃也被称为饱和烃。

烯烃的碳原子之间至少有一个双键。炔烃的碳原子之间至少有一个三键。由于烯烃和炔烃没有达到最大氢原子数，故将其称为不饱和烃。对烯烃和炔烃进行氢化处理会破坏其双键或三键，同时增加氢原子，从而使烯烃和炔烃转化为烷烃。碳氢化合物也能以圆环方式连接，所形成的化合物被称为环烃。

芳香烃是一种特殊的环烃，其分子结构为环中含有6个碳原子和3个双键，因此有6个氢原子。最简单的芳香烃是苯（C_6H_6），它只有一个环。一些芳香烃的环可能不止一个。

无机碳化合物

并非所有碳化合物都是有机碳化合物。来源于非生物体或非有机体的碳化合物就被称为无机碳化合物。另外一种区分有机碳化合物和无机碳化合物的方法是看碳是否与氢键合。

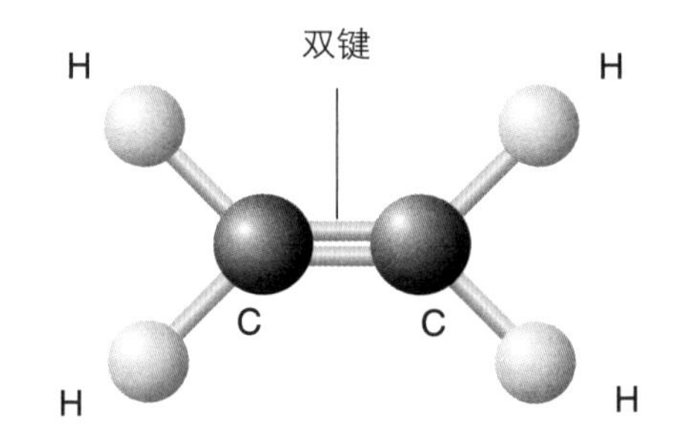

▲ 乙烯是最简单的烯烃。两个碳原子双键合，每个碳原子与两个氢原子键合。

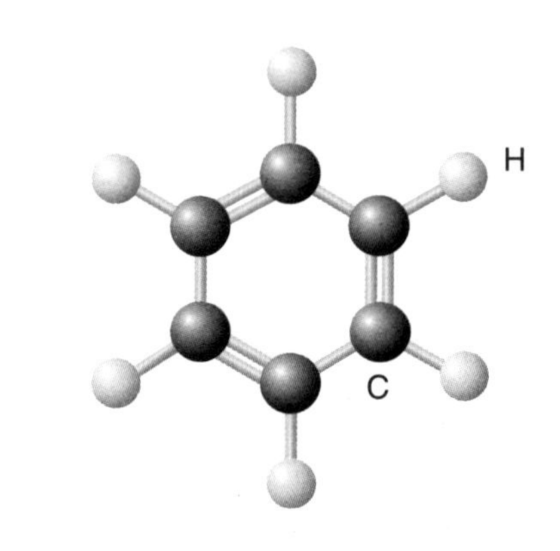

▲ 苯可用于制造塑料、橡胶、洗涤剂和染料。它是最简单的芳香烃。6个碳原子与6个氢原子键合。

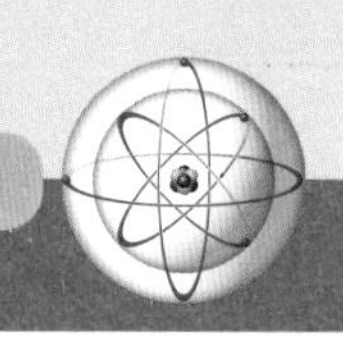

这两种区分方法不一定完全可靠。一般来讲，所有氧化物、无机盐、氰化物、氰酸盐、异氰酸酯、碳酸盐和碳化物都被视为无机碳化合物。

碳氧化物是一种连接有机和无机碳化合物的化合物，十分重要。最常见的碳氧化物是二氧化碳（CO_2）。人和动植物在分解食物分子时都会呼出二氧化碳。植物吸收二氧化碳并利用太阳能将其转化为有机物。这是碳循环的一部分，后文将详细讨论。

此外，燃烧反应也会产生二氧化碳。当碳氢化合物在有氧环境下燃烧时，会生成二氧化碳和水。如果燃烧过程中氧气不足，则会生成另一种碳氧化物——一氧化碳，这是一种致命气体。在动物体内，一氧化碳会通过与血红蛋白（血液中携带氧气的蛋白质）结合来抑制氧气与血红蛋白的键合。当一氧化碳的浓度足够高时，可能导致死亡。

关键词

- **同素异形体：**由同种元素组成的结构不同的单质。
- **共价键：**原子间通过共享电子对形成的化学键。
- **同位素：**具有相同原子序数（质子数），但质量数或中子数不同的一类核素。

◀ 印度泰姬陵是用大理石建造的。大理石是石灰岩（含碳岩石）的一种。

二氧化碳在水中溶解时会形成碳酸（H_2CO_3）：

$$CO_2 + H_2O \longrightarrow H_2CO_3$$

这种弱酸的酸性足以溶解石灰石（碳酸钙，$CaCO_3$），而石灰石在地下溶解就会形成洞穴。此外，碳酸钙会与水中的碳酸发生反应。由于碳酸钙和碳酸都是含碳化合物，故这会在溶解的二氧化碳、碳酸根离子（CO_3^{2-}）和碳酸氢根离子（HCO_3^-）之间建立平衡反应（可逆反应）：

$$CaCO_3 + CO_2 + H_2O \rightleftharpoons Ca(HCO_3)_2$$

石灰岩洞穴中的这种平衡很重要，因为它决定了石灰岩是否会因沉淀而溶解或沉积（再次变得不可溶解）。

如果溶液的酸性太强，则石灰石会溶解。如果碳酸氢根离子过多，则碳酸钙将沉积。这种沉积是钟乳石和石笋生长的原因。对海水而言，上述平衡也很重要，因为它控制着碳酸钙的沉淀，碳酸钙之后会变成石灰石。

碳的工业用途

碳是重要的工业元素。以焦炭形式存在的碳被用来去除炼铁时的杂质。碳的用量决定了所生产钢的类型。碳含量约1.5%的钢用于制造工具和钢板。碳含量约1%的钢用于制造汽车和飞机零件。用于制造结构支架的高强度钢含碳量约为0.25%。

▼ 石灰岩洞穴中的钟乳石和石笋。从洞顶长出的尖石柱是钟乳石，从地面长出的是石笋。这些特征是在岩石中的碳酸钙被水溶解时形成的。当水滴落时，一些碳酸钙会沉淀出来（从溶液中以固体形式析出），并随着时间的推移逐渐堆积形成长长的岩石柱。

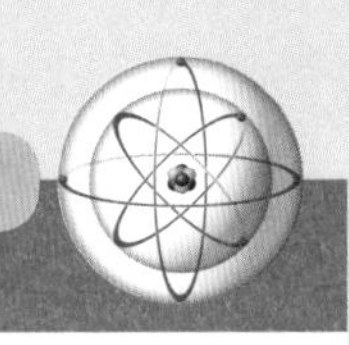

▲ 当水通过活性炭过滤器的孔隙时，疏松多孔的结构会吸附杂质，使水更干净。

天然金刚石和合成金刚石作为磨料可用于对其他材料进行研磨和钻孔。研磨盘、钻头和磨料粉末中都有金刚石存在。另一种具有工业用途的碳同素异形体是无定形碳，它通常是甲烷不完全燃烧的产物。这种无定形碳名为炭黑，被广泛用作橡胶的填料和增强剂。

碳的另一种用途是作为活性炭。活性炭是指通过氧化处理来打开碳原子之间空间的炭。人们常用活性炭来吸附液体及气体中的气味和其他杂质。要吸附杂质，必须采用化学方法将杂质吸引到碳原子上。因为其表面积非常大，所以十分有效。1克（0.035盎司）活性炭的表面积可能为300～2 000平方米。

碳对于塑料行业也很重要。用于生产塑料的石化产品都来自石油。

石化产品主要是从石油中提取的碳氢化合物。通过聚合工艺将碳氢化合物连接在一起可生产出不同的塑料。因为通过成型或模具可将塑料制成许多不同的形状，所以塑料非常有用。这个特性解释了为什么在日常使用中有那么多不同的塑料产品。

碳循环

碳是一种在环境中经历了生物地球化学循环的化合物。动植物中的所有碳都来源于环境。生命有机体中的碳来源于大气。尽管大气中的二氧化碳含量只有约0.038%，但却非常重要。

▼ 一家塑料厂会生产许多塑料模具。

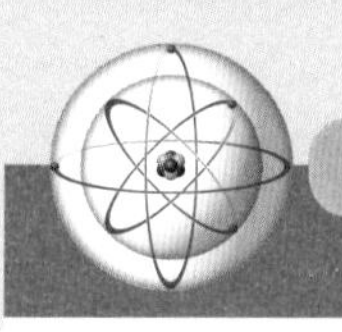

化学在行动

碳纤维

碳纤维通常是指由细的碳丝织成的碳线或结构。碳丝是塑料纤维加热时形成的长碳链。每根细碳纤维线都比钢更坚固。如果将这些纤维嵌入塑料或环氧树脂中，就会获得非常坚固且重量很轻的材料。碳纤维用于制造许多需要高强度的产品，如体育器材、汽车零部件、工具、船只甚至乐器用弦。

◀ 这辆自行车的框架很轻、很结实，它是由碳纤维制成的。

植物通过光合作用将大气中的二氧化碳转化为有机物。在这个过程中，植物利用太阳使二氧化碳和水结合生成葡萄糖。随后，植物将这些葡萄糖转化为其他化合物，并储存起来备用。当吞食植物时，动物能利用储存在植物中的有机物获取能量并改善自身机体。于是，碳从植物转移到了动物身上。

以二氧化碳形式存在的碳对植物生产有机物很重要。植物和动物都是通过细胞呼吸来分解有机物。这个过程释放储存的能量和二氧化碳，并使二氧化碳重回大气。当树木燃烧时，所吸附的碳就以二氧化碳的形式释放出来。

当植物和动物死亡时，它们会分解。这时，碳会直接释放回大气中。有时，植物或动物的遗骸会很快被掩埋或在缺氧的沼泽中分解。在这种情况下，碳就受到了束缚，不会立即返回大气。然后，被束缚的碳可能会被封存数千年甚至数百万年。地质作用、热量和压力可能会使这些被捕获的碳转化为石油、煤炭或天然气。由于这些形式的碳被长期封存，故人们称之为化石燃料。当化石燃料作为能源燃烧时，碳就以二氧化碳的形式释放回大气中。

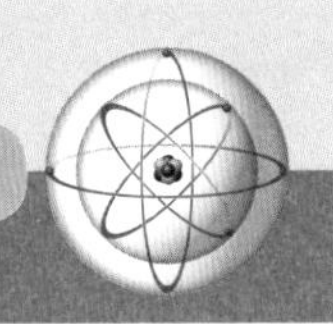

化石燃料的形成并不是将碳束缚住的唯一途径，大量二氧化碳溶解在海洋中。一些海洋生物将这种二氧化碳转化为碳酸钙来制造壳体。当这些生物死亡时，它们的壳体会沉到海底。而在一些海洋中，化学过程会使溶解在海水中的二氧化碳形成碳酸钙，随后也沉入海底。只要时间足够长，壳体和碳酸钙就会堆积起来，变成石灰石。这一过程可能会将碳束缚数百万年。然后，侵蚀会慢慢将这些碳释放回环境中。

碳循环是大气中的碳与被束缚在生物体和环境中的碳之间的微妙平衡。当化石燃料燃烧时，这种平衡就会发生变化，但科学家们尚不明确这种变化机制是如何运行的。

▲ 死亡的动植物会在沼泽底部层层堆积。它们所含的碳可能会在数百万年后形成石油和煤炭。

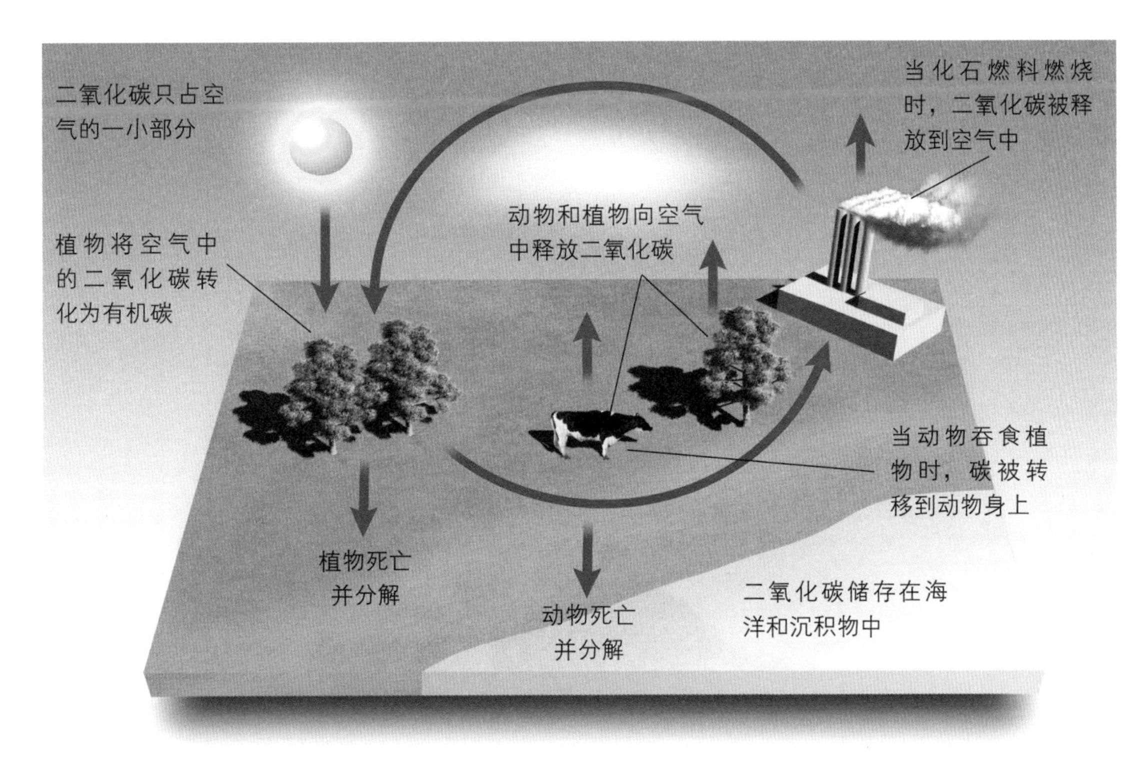

◀ 可将碳循环视为4个相连的碳库，它们是：空气、生物圈（陆地植物和动物）、海洋和沉积物（通过水沉积的物质，如泥或沙）。

3 氮元素和磷元素

氮气是地球大气中非常常见的气体，是生物体的基本构成元素之一。磷主要有白磷、红磷和黑磷三种，对生物体来说都同样必不可少。

氮元素和磷元素位于元素周期表的第15族。氮元素的符号为N，原子序数为7。氮气通常无色无味，其化学性质在很大程度上并不活跃，是一种不活泼气体。氮气由两个氮原子键合而成的氮分子构成，这种分子称为双原子分子，分子式为N_2。氮气在大气中的占比为78.084%，是宇宙中的第五常见元素。

此外，氮还是构成生物体的重要元素。氮存在于所有活体组织中，常见的含氮化合物包括氨（NH_3）、硝酸（HNO_3）、氰化物和氨基酸。

氮气约占地球大气的80%。空气中的氮气以两个键合氮原子形成的分子或双原子氮气（N_2）的形式存在。

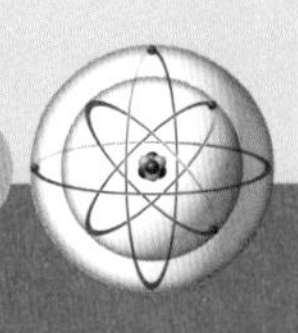

磷元素的符号为P，原子序数为15。磷通常存在于不含碳无机磷矿和生物体中。磷的化学性质十分活跃，从不以元素形式存在于自然界中。磷暴露在氧气中时会发出微弱的光。“磷”这个名字来源于希腊语，意思是“光明携带者”。磷被广泛用于制造肥料、炸药、烟火、神经毒剂（化学武器）、杀虫剂、洗涤剂和牙膏。

▼ 一枚磷手榴弹在军事训练时爆炸。白磷在空气中会自燃，故须将其储存在水中。红磷是种挥发性较小的磷。

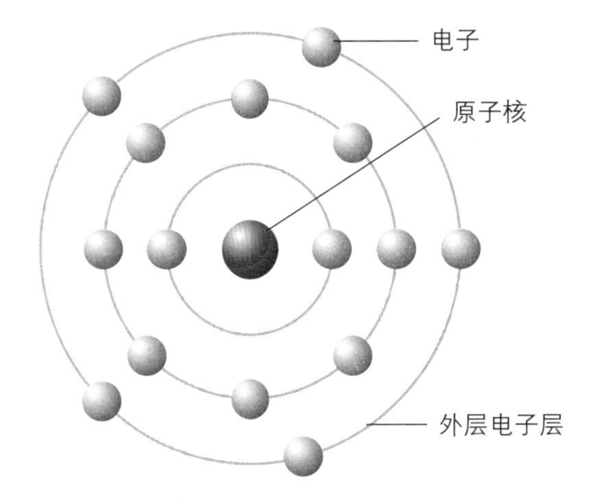

▲ 每个磷原子的原子核周围都有15个电子。

同素异形体

磷有白磷、红磷和黑磷三种不同的存在形式或同素异形体，其中白磷和红磷最为常见。白磷和红磷都是由4个磷原子排列成四面体（金底座为三角形的金字塔形）构成。白磷中的四面体形成规则的重复结构或晶体，白磷是一种具有大蒜味的有毒蜡状固体，在空气中非常活泼，很容易点燃。因此，通常将白磷储存在水中。红磷中的四面体以链状连接，红磷的危险性低于白磷，且不会自燃。将白磷置于高温下可得到黑磷。黑磷的活性低于白磷或红磷，它由一个磷原子网络组成，每个磷原子都与其他3个磷原子相连。黑磷的商业用途不明显。

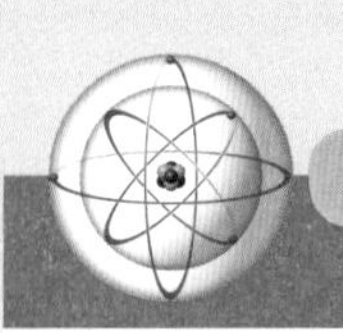

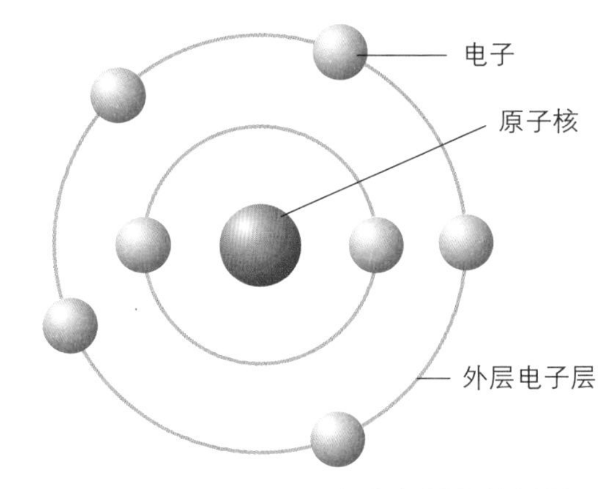

▲ 每个氮原子的原子核周围都有7个电子。

近距离观察

固氮过程

一些细菌可将氮从空气中分离出来，并将其转化为蛋白质，这个过程称为“固氮”。此外，许多细菌与需氮植物（如右图中的三叶草）之间还存在着十分密切的共生关系，这些细菌和植物都受益于这种共生关系。固氮细菌生活在豆类、紫花苜蓿和花生等植物根部的茎节中。实际上，需氮植物是通过使用过量可溶氮（溶解在水中的氮）来丰富土壤中的元素。细菌固氮过程可用以下化学方程式简单说明：

$$3CH_2O + 2N_2 + 3H_2O + 4H^+ \longrightarrow 3CO_2 + 4NH_4^+$$

其中，甲醛（CH_2O）与氮、水和氢离子（H^+）反应生成二氧化碳（CO_2）和铵离子（NH_4^+）。

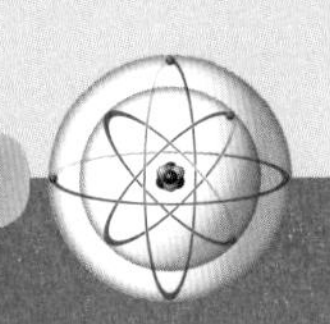

人物简介

丹尼尔·卢瑟福（1749—1819）

苏格兰化学家丹尼尔·卢瑟福发现了氮。他的老师约瑟夫·布莱克在研究二氧化碳时发现，如果将蜡烛放在一个装有水的倒置杯子里燃烧，杯中的水会逐渐上升，蜡烛最终会熄灭。随后，布莱克把这个实验交给了卢瑟福。卢瑟福在空气有限的环境中放入了一只老鼠，他通过先燃烧磷、然后滤掉二氧化碳的方式将空气中的其他气体去除，直到这只老鼠死亡。在剩余的气体中，氮气不可能使老鼠存活，不可能使磷燃烧，也无法使火焰持续。由于氮的这种特性，卢瑟福将其称为有害气体或燃烧气体。

▲ 丹尼尔·卢瑟福在去除空气中其他气体的过程中发现了氮。

化学性质

氮和磷都属于元素周期表的第15族，该族其他成员还有砷、锑、铋和镆。第15族元素随原子序数的增加变得越来越金属化，这一趋势可从这些元素的结构和化学性质中反映出来。氮气不活泼，能在室温下与之发生反应的唯一元素就是锂（形成氮化锂，Li_3N）。虽然镁也能直接与氮气发生反应，但仅在点燃时。

磷比氮活泼。磷能与各种金属反应生成磷化物，与硫反应生成硫化物，与卤素反应生成卤化物，在空气中点燃时与氧反应生成氧化物。此外，磷还能与碱和浓硝酸发生反应。

▶ 贝特霍尔德·施瓦特是一位14世纪的德国僧人。他被认为是最先发现火药的欧洲人。

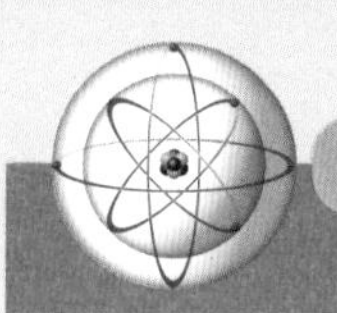

氮的发现

▼ 闪电产生的高温和高压会导致大气中的氮与氧结合，生成一氧化氮（NO）和二氧化氮（NO_2）。随后，二氧化氮会溶解在雨水中，生成植物可以吸收的硝酸（HNO_3）。

人们知道氮化合物的时间要比知道氮元素的时间早很多。公元9世纪，中国人首先发明了火药，而制造火药的主要成分就是硝石（硝酸钾）。后来，人们又将硝石用作肥料。中世纪的炼金术士（早期化学家）都十分熟悉含氮化合物。公元800年左右，俗称“富通水”的硝酸在中东问世。很快，炼金术士们便发现，硝酸与盐酸混合而成的王水可将金溶解。

1772年，苏格兰化学家丹尼尔·卢瑟福发现了氮元素。其他化学家延续了他的研究，1776年，法国化学家安托万·拉瓦锡（1743—1794）指出，氮是一种元素。

关键词

- **固氮：**空气中的氮气被固氮菌转化为有机含氮化合物，进入氮循环的过程。氮主要由豆科植物（如豆类、苜蓿和三叶草）固定，除此以外，闪电也能固氮。

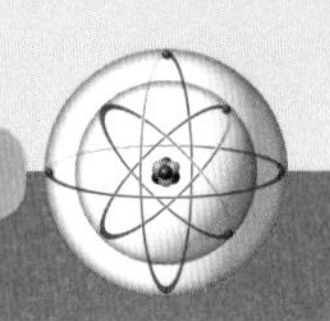

大气中的氮

氮气是空气中含量最多的单一组成成分。据估，大气中氮气的质量约为4 000万亿吨。一些细菌能将氮气固定为植物可以吸收的可溶性形式。此外，闪电也能将氮气转化为可溶性氮。

大气中的氮含量是氧的4倍。然而，地球上的氧含量约为氮的10 000倍。氧是地球固体的主要组成成分。氮无法形成稳定的晶格（即规则的重复结构），是造成大气中氮浓度高于氧的原因之一，所以它很少与岩石和矿物结合。另一个主要原因是，氮与氧不同，它在大气中非常稳定，不参与许多化学反应。因此，氮在大气中的积累水平远高于氧。

▲ 一座现代城市上空的雾是由车辆产生的氮氧化物造成的。这些氮氧化合物与阳光相互作用产生雾。

氮化合物

氮还可与氧形成数种不同的氧化物分子。空气中的碳氢化合物在高压下燃烧时可生成一氧化氮和二氧化氮。这些氮氧化物是由内燃机产生的，它们能在大气中形成雾。另外，三氧化二氮（N_2O_3）和五氧化二氮（N_2O_5）这两种氮氧化物具有不稳定性，加热易分解易引起爆炸。

亚硝酸（HNO_2）和硝酸这两种重要的酸中也含有氮，它们分别能用于制造亚硝酸盐和硝酸盐。硝酸是一种强酸，有着广泛的工业用途。

氨气（NH_3）可能是最重要的含氮化合物，对植物来说，它是一种营养物，可与有机碳分子结合形成一种叫作“胺”的化学物质。这些胺可以组合生成对生物体至关重要的化合物——氨基酸。此外，氮还是酰胺、硝基、亚胺和烯胺等其他类有机（含碳）分子的组成成分。

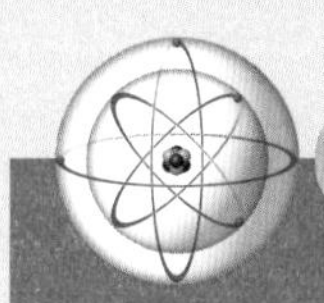

氮与生物学

▲ 奶酪富含蛋白质。蛋白质是重要的含氮生物分子。

氨基酸是一种含氮化合物，是蛋白质的组成成分。蛋白质是由氮、碳、氢、氧组成的重要有机化合物，许多蛋白质还含有硫。对所有生物结构和功能来说，蛋白质都不可或缺。蛋白质能发挥多种不同的作用，有些蛋白质是结构性的，如那些在细胞中提供结构支持（细胞骨架）的蛋白质。

其他蛋白质，有的可以在细胞中储存和运输物质，有的可以加速生物体内的反应（这种蛋白质称为酶）。此外，由于蛋白质是生物的重要氮源，故它们还是重要的营养成分。虽然生物体可以合成许多氨基酸，但是，有些氨基酸都必须通过食物来获取。已知的氨基酸有100多种。植物和动物都能产生氨基酸，在陨石和彗星中也检测到了氨基酸。

化学在行动

酸雨

内燃机产生的氮氧化合物不只会产生雾。这些氮氧化物还能与大气中的水蒸气发生反应，生成亚硝酸和硝酸。大气中的酸性气体能溶于雨水并产生酸，通常称为酸雨。酸雨会加速岩石（包括建筑和雕塑用岩石）的腐蚀。

▼ 这座建筑物上的装饰石雕被酸雨腐蚀了。酸与石雕中的矿物质发生了反应。

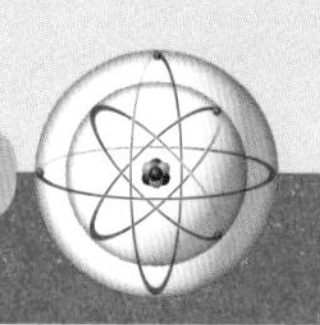

制氮

氮的工业用途十分广泛。工业制氮可选择变压吸附法、扩散分离法和低温蒸馏法这三种工艺之一来进行。

变压吸附法使用吸附剂，吸附剂是将分子吸附至其表面的固体材料。采用变压吸附法时，压缩空气被强制灌入装有不同吸附剂的反应容器。每种吸附剂都能吸附空气中的某些化学物质（如氧气、二氧化碳和氩气）。去除这些气体后，就只剩下氮气。扩散分离方法与此类似。

▼ 将液氮从烧瓶中倒出。在烧瓶周围看到的蒸汽是由因温度极低而从空气中凝结的水滴组成的。

化学在行动

液氮

低温学是研究极低温度的学科。人们常利用液态气体来获得低温，液氮就是其中极为常见的一种，其用途非常广泛。在医学上，除了用于冷冻局部皮肤以治疗皮肤癌和去疣外，液氮还可用来冷冻人类血液、精子和胚胎以供日后使用。在食品行业，液氮可用于快速冷冻。因为食物中的氧气已被氮气取代，所以当食物解冻时，细菌不会繁殖。在石油行业中，可通过将液氮泵入油井的方式来增加油井底部的压力，从而迫使原油流向地面。在钢铁冶炼行业中，可用液氮来增加钢的硬度。将钢放入液氮中可以去除钢结构中的杂质，从而降低钢的脆性。颇具争议的是，人们有时会用液氮来冷冻逝者遗体，希望能借此使遗体保存完好，以便在将来某个时候可以使逝者复活。

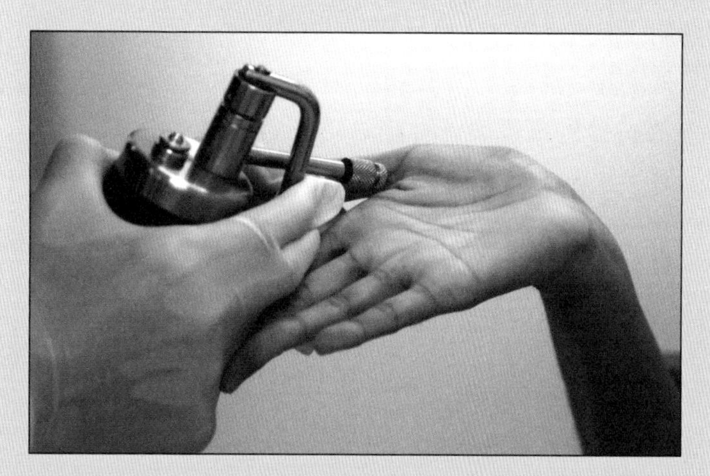

▲ 用液氮治疗疣。将液氮喷在疣上或用棉签轻轻涂抹在疣上，这种治疗方法称为冷冻疗法。

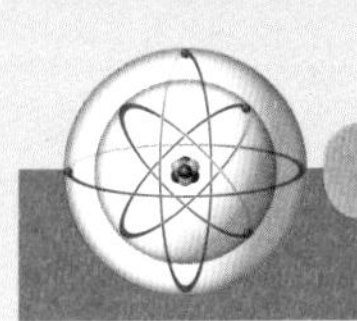

近距离观察

化肥

人们将无水氨用作化肥。氨采用哈伯法生产。每年使用这种方法生产的化肥超过5亿吨。在消耗全球约1%的总能源的同时，工业生产的氨也为全球约40%的人口提供了化肥。

无水氨被注入土壤，并被土壤水分吸收。

另一种生产氮的方法是将加压空气泵入反应容器，容器中的膜（片状机构）只允许某些气体通过。这种方法过滤掉了不需要的气体，只留下氮气。这两种方法都很常用，但生产的氮气仍含有一些杂质。

低温蒸馏法能生产超纯氮。首先，这种方法在提供液氮的同时需消耗巨量能源。其次，这种方法会将空气冷却，并去除所有水蒸气和二氧化碳。第三，这种方法会通过若干步骤将剩余空气压缩和冷却，直至其液化。这样，就可以从液态空气中蒸馏出不同气体。在蒸馏过程中，液态空气被逐渐加热，组成空气的各种气体在特定温度下蒸发。然后，可单独将各种气体去除。这个过程可生产液氮、液氧和液氩。

关键词

- **蒸馏：**将液态物质加热到沸腾变为蒸气，又将蒸气冷却为液体的两个联合操作过程。是提纯液体物质和分离混合物的一种常用的方法。

硝酸制备

在实验室中，可通过将硝酸铜［$Cu(NO_3)_2$］或硝酸钾（KNO_3）加入浓度为96%的浓硫酸（H_2SO_4）中、然后再用从溶液中蒸馏的方式来制备硝酸。

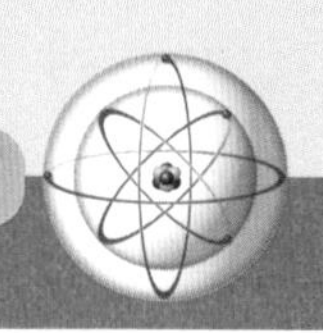

奥斯特瓦尔德法

奥斯特瓦尔德法是硝酸制备的工业方法。1902年，拉脱维亚裔德国化学家威廉·奥斯特瓦尔德（1853—1932）就该方法（至今仍在使用）申请了专利。采用奥斯特瓦尔德法生产硝酸是从氨（NH_3）开始，即使用铂和铑作为催化剂来使氨氧化（与氧结合）生成一氧化氮和水。催化剂是一种可加速反应而自身质量和化学性质不变的物质。反应形式如下：

$$4NH_3 + 5O_2 \longrightarrow 4NO + 6H_2O$$

一氧化氮被氧化生成二氧化氮：

$$2NO + O_2 \longrightarrow 2NO_2$$

二氧化氮被水吸收，生成稀硝酸（HNO_3）和氮氧化物：

$$3NO_2 + H_2O \longrightarrow 2HNO_3 + NO$$

然后，氮氧化物被回收利用、氧化，生成更多的硝酸：

$$4NO_2 + O_2 + 2H_2O \longrightarrow 4HNO_3$$

接下来，通过蒸馏将硝酸浓缩至所需浓度。这种方法非常有效，总产率约为96%。产率是初始反应物转化为最终产物的量。

哈伯法

哈伯法利用氮和氢反应生成氨。德国化学家弗里茨·哈伯（1868—1934）于1908年就该方法申请了专利。哈伯法用于为化肥工业生产无水氨、硝酸铵和尿素。这种方法中的化学反应似乎很简单。指向两个方向的箭头表明该反应可朝两个方向进行，直至其达到平衡状态：

$$N_2 + 3H_2 \rightleftharpoons 2NH_3$$

然而，该反应需在200倍大气压和840 ～ 930℉（450 ～ 500℃）的温度并用铁来催化的情况下进行。该反应的产率只有10% ～ 20%。达到平衡状态后，只要除去产物并添加反应物，就可继续该反应。被除去的高压氨气在冷却后变成液体。

▼ 海鸟（如图这种蓝脚鲣鸟）会产生一种富含磷的鸟粪，这种鸟粪曾被利用来提供工业用磷。

磷的发现

德国炼金术士亨尼格·布兰德（约1630—1710）于1669年从尿液中提取到了磷。人们随即发现了磷的一个有趣特点——它会发光，与之有关的实验之所以会延续至今，原因就在于此。

▲ 一枚白磷手榴弹在军事演习时爆炸。白磷与氧气剧烈反应，产生白烟。

科学家很快便发现，如果把磷放在密封罐子里，它会发光一段时间，然后停止。爱尔兰化学家罗伯特·波义耳（1627—1691）观察到，当瓶子里的氧气完全耗尽时，发光就会停止。很快，通过进一步的实验还发现，只有在氧气达到一定量时，磷才会发光。如果氧气过量或不足，磷都不会发光。直到1974年，这种发光机制才被人们熟知。

物理学家范泽和卡恩揭开了这种发光现象的神秘面纱。不管是液态磷还是固态磷，都能与氧气反应生成少量的HPO和P_2O_2，这两种分子的寿命都很短，且在形成时都会发出可见光。只要能形成新的分子，发光就会持续。

磷化合物

磷与过量氧气一起燃烧会生成复合氧化磷（P_4O_{10}）。如果与水接触，这种复合氧化磷就会生成磷酸（H_3PO_4）。磷酸用于生产肥料、洗涤剂、食品调味品和药品。磷酸的商业化制备是通过用硫酸加热磷酸钙岩来实现的。

许多磷酸盐化合物都可利用磷酸来制备，如可用作化肥的三重过磷酸钙[$Ca(H_2PO_4)_2 \cdot H_2O$]，可用作清洁剂和软水剂的磷酸三钠（Na_3PO_4），可用于生产瓷器和发酵粉（$NaHCO_3$）的磷酸钙[$Ca_3(PO_4)_2$]。

▼ 这些海象的象牙上覆盖着一层坚硬的釉质。象牙和牙齿上的釉质主要由一种叫作磷灰石的含磷复杂分子构成。

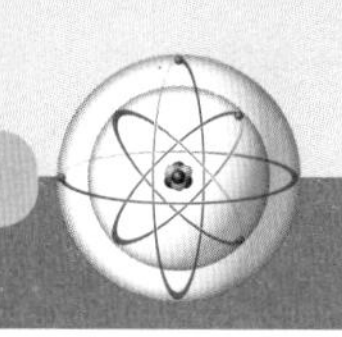

磷对生物体来说同样至关重要，因为磷化合物可用来储存能量。三磷酸腺苷（ATP，$C_{10}H_{16}N_5O_{13}P_3$）这种物质是动植物体内的能量传递者。人体内的ATP含量有限，它一直在被使用，并不断被回收。每个ATP分子每天循环使用2 000～3 000次。人体每小时产生、处理和回收约为1千克ATP。

磷的重要性

磷酸盐是三大主要的植物营养素之一。人们利用化肥来为植物提供磷。化肥中的一些磷来自沉积岩中的磷酸盐层，富含磷酸盐的岩石被开采、压碎并添加到田间。哈伯法的使用在很大程度上取代了对富含磷酸盐的岩石的开采。不过，在一些发展中国家，开采磷酸盐岩仍然比哈伯法更有效益。现在，有机耕作方法仍然使用磷酸盐岩。在世界的某些地区，人们利用置于大型木筏上的食物作为诱饵来吸引海鸟，然后将收集到的鸟粪用作化肥。

近距离观察

富营养化

磷是重要的植物营养素，但在湖泊和河流中，磷通常是种限制性营养素。限制性营养素是指相对于其他营养素来说供应量最少的营养素，这样可阻止植物的无序生长。因为农田化肥和洗涤剂中使用了磷，所以地表径流通常携带有这种元素。当这些多余的磷到达湖泊时，它们会促使湖中的藻类和植物快速生长，进而可能生长过度。而当这些植物死亡时，分解植物物质的过程会耗尽湖中的氧气。由此导致的缺氧现象称为“富营养化”，鱼类和其他水生物可能因富营养化而死亡。

▲ 这条排水沟体现了磷径流的影响。水面上出现了藻类，藻类在磷含量异常高的情况下生长旺盛。

4 氧元素和硫元素

氧和硫都是构建生命的基本元素。氧是地球大气层中第二常见的元素，可与大多数其他元素形成化学键。在自然界中，硫既能以黄色结晶固体的形式存在，又能以硫化物和硫酸盐矿物质形式存在。

氧和硫位于元素周期表的第14列。氧用符号O表示。因为每个原子有8个质子，故氧的原子序数为8。另外，氧的原子核中还有8个中子，当与质子质量结合时，其相对原子质量为16。氧是地球上第一常见的元素，约占地壳质量的46%、整个地球质量的28%。在宇宙中，氧是第三常见的元素。双原子态氧（O_2）几乎占到大气的21%。大气中的氧来自植物和微生物的光合作用，是二氧化碳和水转化为葡萄糖（$C_6H_{12}O_6$）的副产品。

硫用符号S表示，其原子序数为16，相对原子质量为32（原子核中有16个质子和16个中子）。尽管许多人都将它与臭鸡蛋的气味联系在一起，但未化合的游离态硫是无味的。实际上，那种臭鸡蛋气味是来自硫化氢气体（H_2S）。此外，硫化合物还会给一些生物（如臭鼬和大蒜）带去特有的气味。对生物而言，硫在其他方面也发挥重要作用，一些氨基酸中就含有硫。

这些砂岩岩层含有许多矿物质。氧是地壳中最常见的元素，它是氧化物、磷酸盐、硫酸盐、硅酸盐和碳酸盐矿物质的重要组成成分。

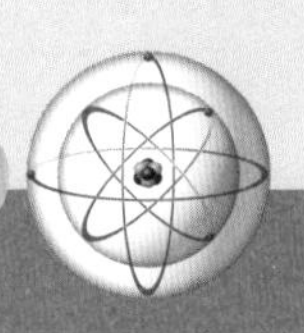

氧的同素异形体

氧有两种同素异形体或存在形式：双原子氧（O_2）和臭氧（O_3）。这两种同素异形体都存在于大气中，但大多数大气氧是以双原子形式存在。双原子氧比臭氧更稳定。此外，双原子氧在整个大气中无所不在，而臭氧则通常集中在高海拔地区。臭氧是保护地球免受紫外线辐射的屏障。在地面，闪电和电气设备也会产生臭氧，只不过这时的臭氧被认为是一种污染物。

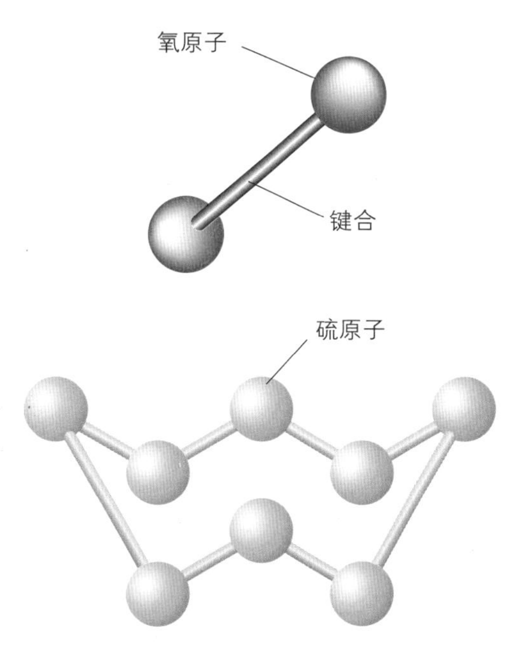

在自然状态或游离状态下，氧以双原子分子的形式存在。

8个硫原子形成了一个复杂的环状结构，可将这个环比作一艘船或一顶王冠。

这种水生植物的叶子上附着有氧气泡。植物利用阳光、二氧化碳和水来产生其生长所需的化学物质。氧气是一种被称为光合作用的生物过程的副产品，光合作用将氧气释放到空气中。

近距离观察

臭氧空洞

高海拔大气中的臭氧很重要，因为它能过滤掉来自太阳的有害能量射线。但是，氯氟烃（CFC）这类化学物质会破坏臭氧层。CFC主要用于制冷和冷却系统。不过，如果这些CFC被释放到大气中，它们就会上升至臭氧层并与臭氧发生反应，使臭氧转化为双原子氧。南极上空的臭氧层每年都会出现一个“空洞”。科学家们希望，随着所使用的氟氯烃日益减少，这个空洞会被填补上。

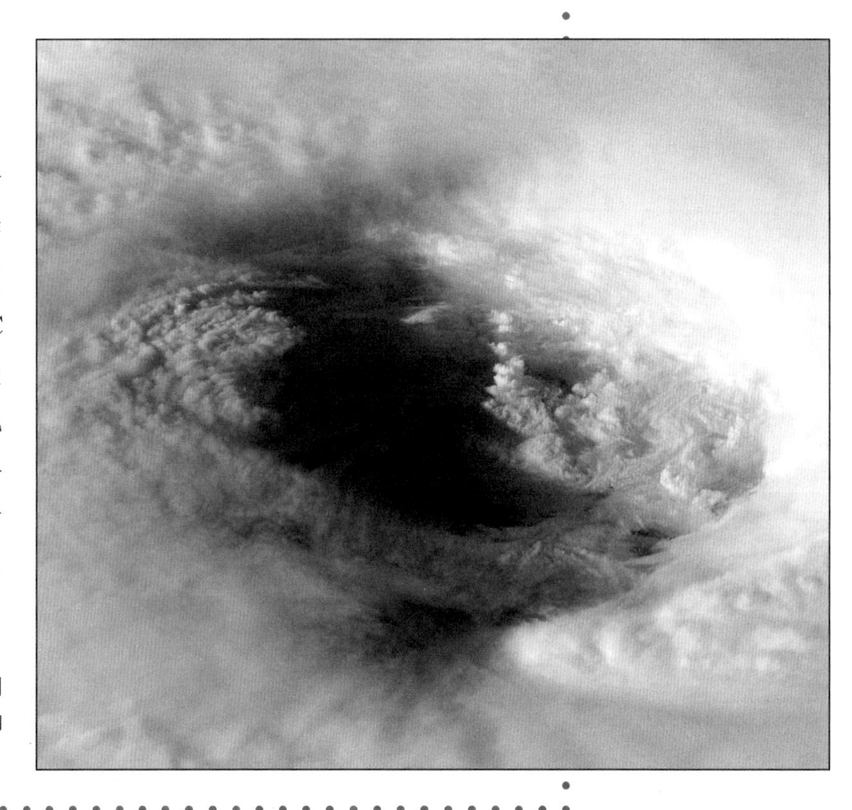

▶ 南极上空的臭氧空洞。科学家们使用安装有测量装置的气球来记录大气层中的臭氧含量。

氧的化学性质

氧的外层电子层有6个电子，电负性极强，这使得它具有很强的自由电子吸附力。为了填满其外层电子层，氧原子需获得2个电子。因为尺寸较小，氧原子很容易形成双键。在标准温度和压力下，一个氧原子与另一个氧原子键合，形成双原子分子。另外，氧也很容易与几乎所有其他元素发生反应。当其他元素与氧反应时，它们会被氧化。常见的氧化反应是铁和氧之间的反应，这个过程会生成氧化铁或铁锈。几乎所有金属都能与氧反应生成金属氧化物。

当氧形成化合物时，它就处于负氧化状态，因为它最外层可再容纳两个电子。当这些外层电子层被填满时，就会产生氧离子O^{2-}。另外，氧还会形成过氧化物。过氧化物中含有O_2^{2-}离子，相当于每个氧离子的电荷数为−1。

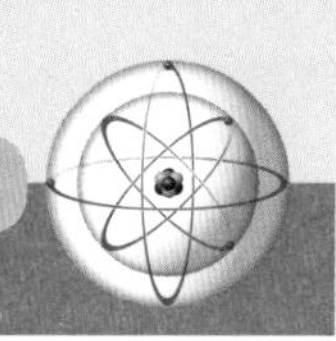

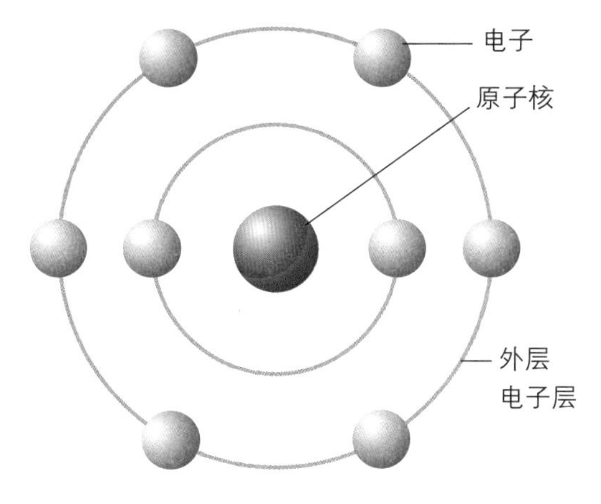

氧化剂取决于氧以部分或完全转移的方式接受电子的能力。氧化态从0到-2的变化称为还原。"氧化"一词适用于任何容易接受电子的物质，例如氧就非常容易接受电子。

氧的发现

大多数人都认为是英国化学家约瑟夫·普里斯特利（1733—1804）在1774年发现了氧。同年，普里斯特利发表了他的研究成果，他通过加热氧化汞（HgO）来制氧气。通过对氧进一步的研究，普里斯特利还发现，植物也能产生氧气。

事实上，德国化学家卡尔·威廉·舍勒（1742—1786）早在1772年就发现了氧气。舍勒发现，他可以通过加热几种不同的化学物质来生成氧气。然而，直到1777年舍勒才发表他的研究成果，所以氧气的发现通常都归功于普里斯特利。1775年，安托万·拉瓦锡将这种气体命名为"氧气"。

氧气的化学性质

在正常条件下，氧不会与其自身或氮发生反应。在高层大气中，来自太阳的紫外线辐射（高能射线）提供了足够的能量，这些能量使氧气转化为臭氧。然后，臭氧能吸收更多的紫外线辐射，阻止这些射线到达地球表面。

氧与其他大多数元素都能发生反应，但它不与水反应。氧气在水中的溶解度有限。鱼类和其他水生生物可以通过渗滤（渗滤是指以混合方式进行的分子运输）去除水中的氧气。氧气通常不与卤素反应，在正常条件下，氧气也不与酸或碱反应。

人物简介

卡尔·威廉·舍勒（1742—1786）

舍勒是瑞典化学家和药剂师。作为化学家，他发现了氧、氮、钡、氯、锰、钼、钨等元素。此外，他还发现了包括氰化氢、氟化氢、柠檬酸、硫化氢和甘油在内的几种化合物。1777年，舍勒出版了他唯一的著作，他在这本书中描述了氧和氮。舍勒可能是因实验而死于汞中毒。

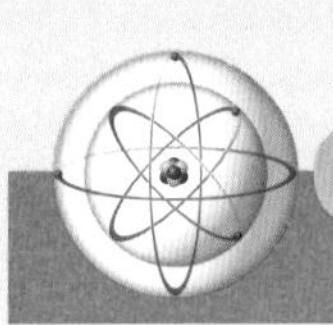

重要的氧化合物

氧可以生成许多重要的化合物。其中非常常见的含氧化合物之一是水。水分子非常稳定，不易分解为氢气和氧气。分解水的极佳方法之一是电解（使电流通过水中）。电解水所产生的氢气约为氧气的2倍。此外，氧气还能与碳反应生成一种非常稳定的化合物——二氧化碳。燃烧反应和分解反应会产生二氧化碳，植物的光合作用主要分解二氧化碳。

氧气能与许多不同的元素反应，并形成离子。常见的含氧离子包括氯酸盐（ClO_3^-）、高氯酸盐（ClO_4^-）、铬酸盐（CrO_4^{2-}）、重铬酸盐（$Cr_2O_7^{2-}$）、高锰酸盐（MnO_4^-）和硝酸盐（NO_3^-）。这些离子大多数都是强氧化剂。另外，大多数金属也能与氧气键合形成氧化物，如俗称“铁锈”的氧化铁。金属表面的其他氧化现象称为“腐蚀”。这些反应在空气中自然发生，但它们可能会因金属发生的氧化还原反应而加速。

▼ 鱼能通过鳃获取氧气，随后氧气进入血液。空气以气泡形式进入鱼缸，以替换鱼和植物所消耗的氧气。

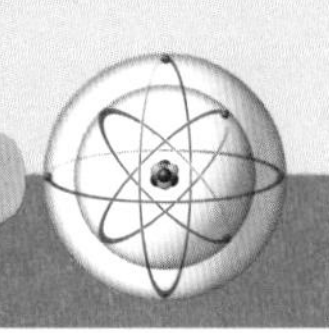

化学在行动

臭氧氧化

臭氧氧化是一种水处理方法。臭氧是一种强氧化剂，使臭氧溶于水可杀死细菌和其他微生物。臭氧氧化用于水处理非常有效。与氯不同，臭氧氧化还有另一个优点，即它不会破坏水的味道。此外，臭氧还可以减少三氯甲烷的生成，三氯甲烷是氯与一些有机分子反应生成的化合物。有科学家认为，三氯甲烷可能会导致某类癌症。

▲ 臭氧溶于水，可杀死微生物。

▲ 这把扳手生锈了。铁与氧气和水接触时会生锈。

氧还能与碳化合物反应生成多种有机化学物质，如醇（R—OH）、醛类（R—CHO）和羧酸（R—COOH），其中R表示有机基团。因为氧很容易释放氢离子，所以这当中的许多有机化合物都很活泼。

氧气的制备

在实验室里，可通过分解几乎所有含氧化合物来制氧气，这个过程对于获取少量的氧气很有效。含氧化合物可在不同温度下分解。那些在低温下分解得到的氧气比在高温下分解得到的氧气更易于使用。

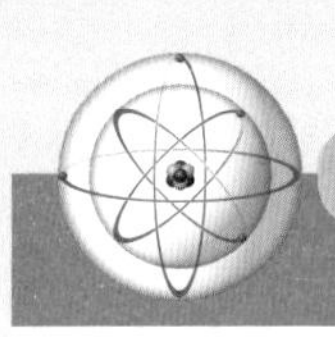

◀ 由游离态硫形成像窗帘一样悬挂的针状晶体。在结晶状态下，硫没有通常与之有关的那种气味。

获取氧气的另一种方法是电解水。电解既可在实验室小规模地进行，也可在工厂大规模地进行。大规模电解需消耗相当多的电，所以不常用。最常用、最有效的制氧方法是对液态空气进行低温冷冻蒸馏，利用这种方法可产生超纯空气。在这个过程中，空气被冷却，所有水蒸气和二氧化碳被去除。然后，通过若干步骤使空气压缩和冷却，直至液化。最后，将不同的气体从液态空气中蒸馏出来。这个过程可产生液氧、液氮和液氩。

硫的历史

人们认识和使用硫至少已有4 000年的历史。硫呈现出一种非常独特的黄色，活火山和死火山周围往往有游离态硫存在。在漫长的历史中，硫常被用于许多宗教仪式和药物治疗。

古希腊人和古罗马人曾用硫来制造杀虫剂（一种杀死昆虫的化学物质）和烟火。此外，古罗马人还曾将硫与焦油、树脂、沥青和其他可燃物混合来制造燃烧弹。

中国人早在9世纪就学会了用硫来制造火药。火药的使用经亚洲传到中东，最后传到了欧洲。火药最初被用来制造烟火，之后又被用于制造武器。

近距离观察

来自空气的动力

对空气进行低温蒸馏所获得的液氧通常用作火箭发动机的助燃剂，火箭发动机必须快速燃烧大量燃料。氧气与氢气一起燃烧能产生大量能量，并产生水。

▲ 怀俄明州黄石国家公园的七彩池。水边缘周围明亮的颜色是由细菌和蓝藻产生的，它们在温度非常高、富含硫的水中生长旺盛。生活在高温水中的生物被称为嗜热菌。

直到1777年左右，法国化学家安托万·拉瓦锡（1743—1794）才最终使科学界相信：硫是一种元素，而不是一种化合物。

在19世纪80年代末之前，获取硫的常用方法是开采易于从地下挖掘的矿床。在这之后，利用“硫熔点低”这一特性的弗拉施法问世。在该方法中，蒸汽被强行压入硫沉积层，于是硫沉积层熔化，从而使硫被挤出地面。

硫的化学性质

与氧一样，硫的外层电子层有6个电子。硫的电负性小于氧，故它的氧化性能不如氧。然而，因为硫很容易与金属反应生成硫化物和硫酸盐，所以它是许多矿物质的重要组成成分。此外，硫还可与氧气反应并生成二氧化硫（SO_2）。当硫在氧气中燃烧时，会产生蓝紫色火焰。硫在标准温度和压力下呈固体。游离态硫不溶于水，但可溶于二硫化碳（CS_2）。因其原子结构的特点，硫在形成键时既可接受电子，也可失去电子。硫的常见化合价有−2、+2、+4和+6。这种可变性使得硫能与大多数其他元素反应并生成稳定的化合物。

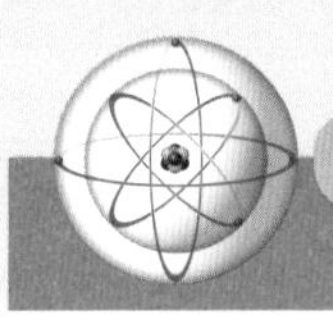

▲ 当硫在有氧环境中燃烧时，会产生明亮的蓝紫色火焰。

▲ 该装置利用弗拉施法从地面提取硫。首先，用过热水熔化硫。然后，利用压缩空气迫使硫沿管道上升。

硫化合物

硫化氢溶于水会生成一种酸，这种酸可与许多不同的金属反应生成硫化物。这些金属硫化物都很常见，硫化铁（FeS_2）是其中之一，它能形成一种俗称“黄铁矿”的常见矿物质。硫化铁呈金色有光泽的立方晶体，这种外观为它赢得了“愚人金”的绰号。另外，硫化铅（PbS）可形成方铅矿，方铅矿晶体曾被用来控制无线电机中的电流（晶体被用作半导体）。

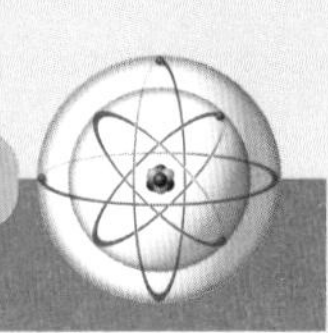

化学在行动

含硫气味

人们常常将硫与臭鸡蛋味联系在一起。然而，这种气味并非来自游离态硫，而是来自硫化氢（H_2S）。硫化氢天然地存在于石油、火山气体和温泉中。被称为硫醇的硫化合物的气味更为强烈。例如，臭鼬能分泌好几种硫醇的混合物来驱赶天敌。硫醇是由碳、氢和硫构成的复杂化合物。臭鼬的强烈气味可通过氧化硫醇来去除。碳酸氢钠（小苏打）是很有效的一种氧化剂。

▲ 大王花散发着腐肉般的臭味。这种气味来自硫醇，会吸引苍蝇给它授粉。

硫有几种氧化物，它们可与水反应生成酸。这些酸可与金属反应生成许多常见的硫酸盐和亚硫酸盐。在这些酸中，最常见的是硫酸（H_2SO_4）。许多工业化学方法和工业方法都用到了硫酸，如再处理、化肥生产、炼油、废水处理和化学合成。

此外，硫还能形成许多不同的有机化合物。大量硫对活的有机体有毒，但很多不同的化合物都只需少量的硫。大多数硫化合物都有刺鼻的气味。其中一类（硫醇）被用来给无味的天然气或甲烷增味。气味很重要，因为人们可以借此知道是否有燃气泄漏。臭鼬产生的一种很常见的硫醇，可用于防御性喷洒。硫化合物还能使葡萄柚、大蒜、洋葱、煮熟的卷心菜和腐肉具有强烈而独特的气味。

▼ 在许多岩石中发现了黄铁矿晶体。黄铁矿是由硫化铁形成的。它有时也被称为“愚人金”。

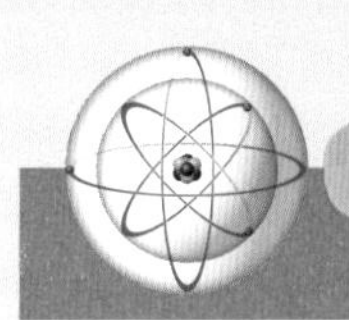

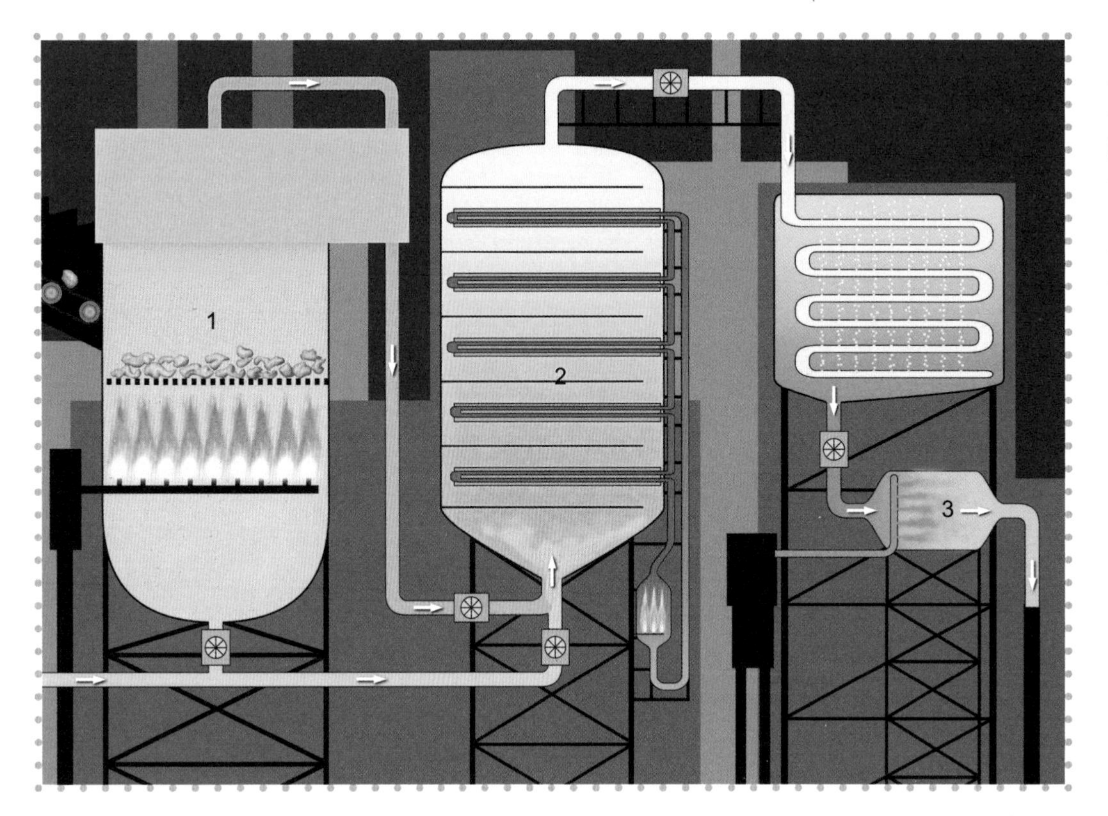

◀ 使用接触法制备硫酸。硫（黄色）通过传送带进入焙烧塔（1）。在那里，硫燃烧产生二氧化硫气体。二氧化硫通过管道输送至氧化塔（2），在氧化塔中，二氧化硫在氧化钒存在的情况下被氧化为三氧化硫。三氧化硫被泵入另一个储罐（3）。在那里，加入水以制备硫酸。

硫的制备

硫酸是最重要的工业硫化合物，它可用于许多不同的行业。而且，硫酸生产本身就是一个很大的产业。在美国，每年生产的硫酸比任何其他工业化学品都多。浓度为98%左右的浓硫酸很稳定，此浓度下的硫酸酸碱度（pH）约为0.1。浓度为100%的硫酸不稳定。

在工业上，硫酸是由硫、氧气和水来制备的。该方法首先使硫燃烧，生成二氧化硫气体：

$$S + O_2 \longrightarrow SO_2$$

然后，以钒（V）作为氧化物催化剂，并利用氧气将二氧化硫氧化为三氧化硫（SO_3）：

$$2SO_2 + O_2 \longrightarrow 2SO_3$$

最后，用水处理三氧化硫，生成浓度为98%的硫酸：

$$SO_3 + H_2O \longrightarrow H_2SO_4$$

虽然硫酸不会燃烧，但仍存在许多危害。例如，硫酸烟雾会腐蚀金属、硫酸与金属接触会产生氢气并燃烧、高浓度硫酸会灼伤皮肤、以气溶胶形式存在的硫酸可能会灼伤眼睛。

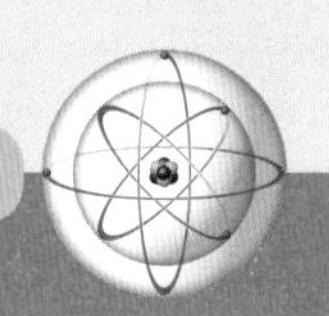

热液喷口

火山源及其周围通常有硫化合物存在。此外，火山往往还有许多沉积着游离态硫的喷口。在裂谷带附近的海洋深处发现了一些被称为热液喷口的火山口，它们会喷出充满金属硫化物的过热水。因为这些过热水往往是黑色的，所以这些喷口也被称为“黑烟囱”。随着时间的推移，喷口周围可能会形成金属硫化物沉积。

许多黑烟囱位于海洋深处1 500米以下的地方。其所蕴含的丰富矿藏并不是它们唯一的迷人之处，因为它们还养育了大量的生命，如巨型管蠕虫、蛤蜊和虾——事实上，它们构成了一个完整的生态系统。几乎所有其他生态系统都依赖于太阳的能量，这种能量能促进植物的光合作用（将二氧化碳和水转化为葡萄糖）。然后，动物吞食植物，并利用葡萄糖提供能量。

然而，阳光照射不到热液喷口，因为它们位于水下很深的地方。在那里，细菌分解水中的硫化氢，并利用它来为食物生产提供能源，这个过程称为化学合成。为了寻找地球上生命起源的线索，科学家们对这些生态系统展开了研究。

▼ 含有溶解硫化物的过热水从热液喷口或黑烟囱（图中心）喷出。水中的化学物质已分离出来，并形成了一系列岩层。

5 卤素元素

卤素是一组高反应性元素，通常以与其他元素结合的形式存在。卤素元素都是有色的，其存在既有气态形式，也有液态、固态形式。

卤素元素位于元素周期表的第17列，包括氟（F）、氯（Cl）、溴（Br）、碘（I）和砹（At）。“卤素”这个名字来源于希腊语中的“盐形成物”。卤素与金属反应生成盐。

许多公司在供水系统中添加氯气，以杀死可能通过破裂管道进入的任何细菌。当水到达水龙头时，氯几乎完全消失了，可以安全饮用。

物理性质

所有卤素元素均以未结合的双原子分子形式存在，即F_2、Cl_2、Br_2、I_2和At_2。氟气是淡黄色气体，氯气是绿黄色气体。溴是一种可形成红棕色气体的液体，碘是一种深灰色固体，加热时形成紫色蒸气。砹是一种非常罕见的放射性元素。以元素形式存在的所有卤素元素都有毒。

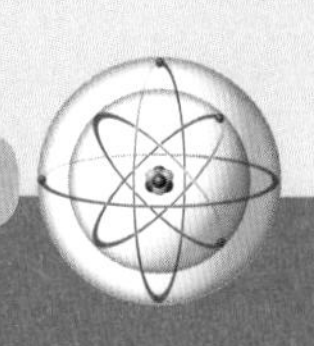

化学在行动

卤素灯

卤素灯亮度非常高。它们使用金属卤化物（金属和卤素反应生成的化合物）来产生类似于日光的亮光。卤素灯的石英玻璃灯罩内有一根钨丝。开灯时，钨丝开始气化，蒸气与外壳中的卤素元素发生反应，卤化钨覆盖在灯丝上。这个过程使得卤素灯灯丝的使用寿命比普通灯丝更长。

▶ 因为它们发出的光非常明亮，所以卤素灯可以做得比传统灯泡更小。

▼ 一种用于消毒和清洁的氯片。卤素元素具有不同的性质。氯气在室温下是一种气体。溴是一种温度稍有升高就很容易变成气体的液体。碘是一种需加热才能蒸发的固体。

化学性质

卤素元素能与大多数金属和许多非金属发生反应。因为所有卤素元素都具有很强的电子吸附力，所以它们的反应性都非常强。所有卤素元素都有一个氧化值−1，在这个氧化值下，它们试图获得1个电子来填充外层电子层，以使原子保持稳定。

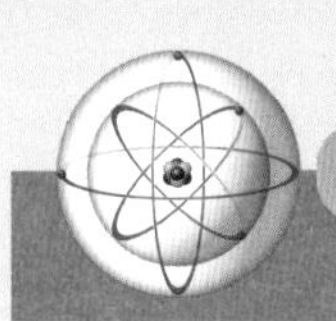

常见的卤素元素

氟是元素周期表中最活泼的元素。氟的这种特性使它成为一种腐蚀性很强的气体。氟在地壳中相当普遍，并且形成了许多矿物质。矿物萤石（CaF_2）是氟的常见来源，它呈现出无色、白色、紫色、蓝色、绿色、黄色或红色立方晶体等形态。氟用于生产制冷剂、氢氟酸、钢铁和塑料（如聚四氟乙烯）所需的氟氯化碳（CFC）。

▼ 聚四氟乙烯是一种卤化塑料，用作平底锅涂层，以防食物在烹饪时粘锅。聚四氟乙烯能耐高温，但如果其表面受损，则会失去作用。

氯是工业中最常用的卤素元素。矿物石盐（NaCl，食盐）是氯的主要天然来源。氯可用于水消毒、PVC等塑料和杀虫剂，氯化合物可用作漂白剂。

溴和碘的含量低于氟或氯，所以它们的工业用途较少。溴用于生产杀虫剂、阻燃剂和一些摄影胶片。碘对于人类健康十分重要，它常被添加到食盐中，以预防“甲状腺肿”这种激素疾病，该病会影响人颈部的甲状腺。

化学性质

所有卤素元素的外层电子层都有7个电子。为了填满8个位置，它们只需接受1个电子。因此，卤素元素的反应性都很相似。它们都能通过氧化金属（从金属中获取电子）来形成卤化物。卤素氧化物和氢化物在水中反应形成酸。氟是所有元素中电负性最强的元素。通常，从氟到碘的电负性和氧化能力逐渐变弱。这种电负性减弱会导致化合物中的共价键增加。因此，氟化铝（AlF_3）是离子态的（形成称为离子的正电荷或负电荷原子），

▶ 碘酒常用来急救。它对清毒小伤口很有用。图中较大的一瓶碘酒由一个胶头滴管作为瓶塞，以便将碘酒准确涂在伤口上。

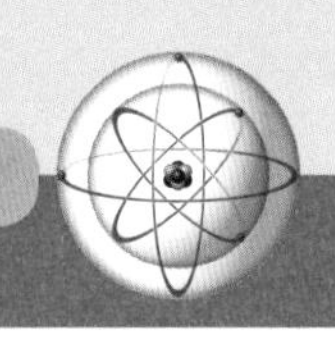

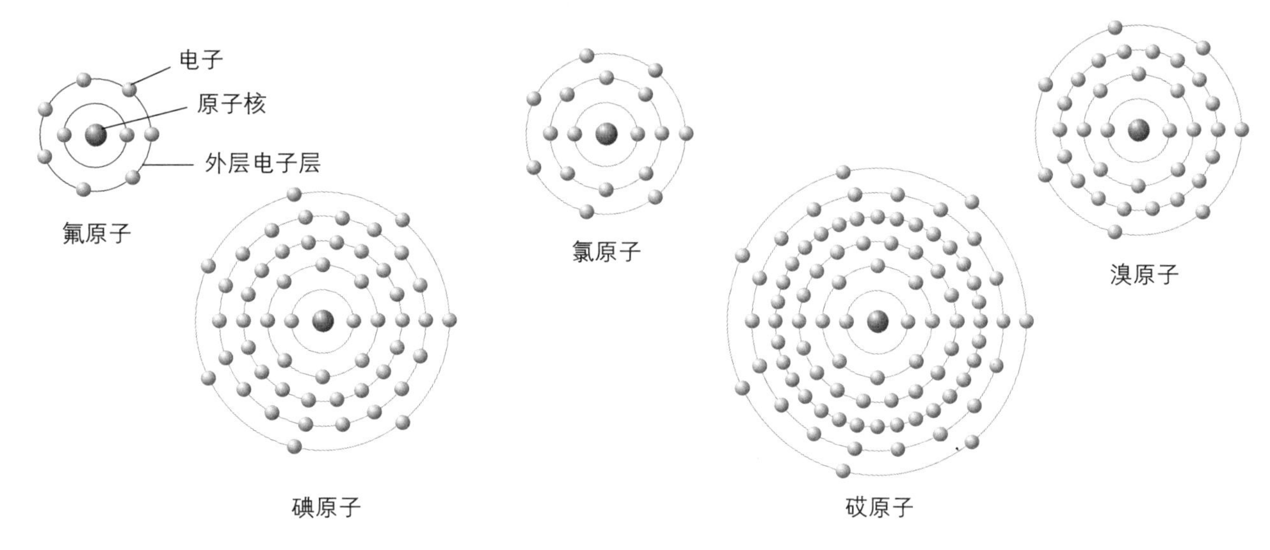

▲ 按原子大小升序排列的卤素。当原子变大时，原子核对外层电子层电子的吸引力就会减弱。因此，它们更有可能与其他原子形成共价键。

而氯化铝（$AlCl_3$）是共价态的。

由于其原子和离子的尺寸较小，氟表现出了一些特殊性。这些特殊性使得多个氟原子围绕不同的中心原子填充，例如，可比较六氟化铝（AlF_6^{3-}）和四氯化铝（$AlCl_4^-$）。此外，F–F键也出乎意料地弱。因为氟原子的尺寸较小，所以与其他卤素的情形相比，其未键合电子对能更紧密地结合在一起，同时，电子间的排斥作用削弱了键。

元素周期性

卤素的原子半径沿该族向下增加。各卤素元素的外层电子层电子都受到了来自原子核的吸引力。内部电子的负电荷会使原子核上的正电荷减少。因此，内部电子层数是影响原子大小的唯一因素。

化学在行动

氢氟酸

氢氟酸（HF）化学性质活泼，能侵蚀玻璃。因此，必须将这种酸储存在聚乙烯或聚四氟乙烯容器中。处理氢氟酸也非常危险。它很容易穿透皮肤，破坏皮下组织；此外，氢氟酸还能造成骨骼中的钙流失。氢氟酸在半导体工业中被广泛用于去除硅中的氧化物。

▶ 氢氟酸从这些电池中泄漏出来，可以清楚地看到其腐蚀性很强。这是种非常危险的物质。

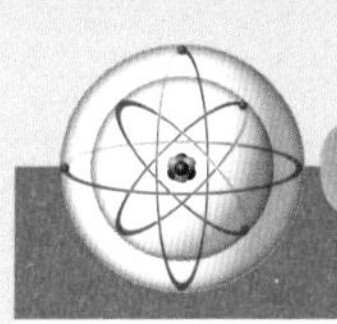

▼ 氟化钙（CaF_2）以萤石矿物的形式存在。它是氟的主要来源之一。

可用电负性来衡量原子吸引键合电子对的趋势。氟元素的电负性最强。氢原子和卤素之间的键合电子对同样受到了来自氟和氯的吸引力。离氟原子核越近，产生的吸引力就越大，这就是为什么氟的电负性比氯强的原因。当卤素原子变大时，任意键合对都会离卤素原子核越来越远，因而其对卤素原子的吸引力就越小。换句话说，原子的电负性会降低。

电子亲和力是入射电子和原子核之间吸引力的量度。吸引力越大，电子亲和力就越大。第17族元素的电子亲和力呈下降趋势。当原子变大时，入射电子离原子核越远，它们之间的吸引力就越小。因此，电子亲和力沿该族自上而下下降。以氟为例，由于其原子很小，所以它的现有电子都很接近。这使得电子间的互斥力特别大，因而减少了原子核对电子的吸引力，使氟的电子亲和力低于氯。

▶ 法国化学家安托万·巴拉尔发现了溴。他还研究了氯如何漂白有色化合物的化学原理。

卤素的发现

对萤石（CaF_2）的最早描述出现在1530年，它被用来帮助连接金属。许多著名的早期化学家都用氢氟酸进行了实验，氢氟酸是用浓硫酸处理萤石后得到的。众所周知，氢氟酸含有一种新元素，但该元素由于高反应性而无法分离。1886年，法国化学家亨利·莫瓦桑（1852—1907）分离出氟。1906年，莫伊桑因该项发现获得了诺贝尔奖。

瑞典化学家卡尔·威廉·舍勒在1774年发现了氯，但他误认为是氧。最终，英国化学家汉弗莱·戴维（1778—1829）在1810年成功分离出了氯。

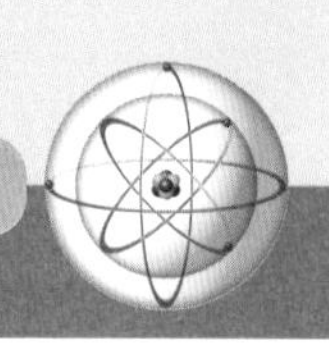

化学在行动

漂白剂

漂白剂常用于洗涤衣物。少量漂白剂可使白色更白，而过量漂白剂则会使有色衣服变白。将次氯酸钠溶液稀释后可得到家用漂白剂。此外，漂白剂还可消除物品表面病菌、细菌和病毒，并在许多不同行业中得到广泛应用。例如，它被用来给食品加工设备、医疗设备和游泳池消毒。为了防止细菌和藻类在管道中滋生，许多行业还在冷却水中添加了漂白剂。另外，采矿过程中的贵金属回收以及造纸过程中的木浆漂白也都用到了漂白剂。

▲ 厕所清洁剂含有可杀死细菌的漂白剂。重要的是，不要将漂白剂与其他清洁剂混合，因为可能会产生危险反应。

安托万·巴拉尔（1802—1876）于1826年从法国盐沼土壤中提取到了溴。因其蒸汽特有的气味，约瑟夫·路易斯·盖·吕萨克（1778—1850）建议使用“溴”（来源于希腊语中的bromos，意思是“臭气”）来命名。

巴纳德·库尔图瓦（1777—1838）于1811年发现了碘。在用浓硫酸从海藻灰中提取硝石（硝酸钾）时，他不小心加了过多的酸。他注意到有紫色蒸气出现，并发现这种紫色蒸气会在冰冷的表面结晶。相关样品被送到了盖·吕萨克和戴维那里。短短几天内，两人就各自确定，这种物质是一种新元素。尽管他们公开争论是谁首先将这种物质确定为元素，但都认可是库尔图瓦发现了它。

▼ 为了强健牙齿，一些牙膏中添加了氟化钠。

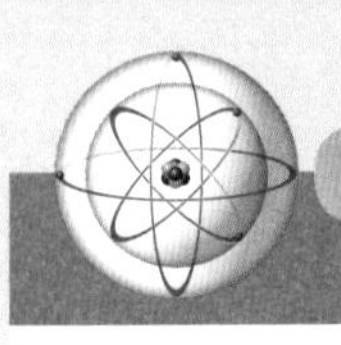

近距离观察

氯胺

氯胺是含氮、氢和氯的化合物。当含氯家用清洁剂与其他清洁剂中的氨意外混合，它们有时会反应产生氯胺气体。人接触氯胺时，眼睛、鼻子、喉咙和呼吸道会受到刺激，出现包括流泪、流鼻涕、喉咙痛、咳嗽和胸闷等症状。而且，只要吸入少量氯胺就会导致这些症状，并可能持续24小时。此外，室内游泳池的特有气味也与氯胺有关。

▼ 聚氯乙烯（PVC）等一些塑料也含有氯原子。

关键词

- **离子：**原子或原子团得失电子后形成的带电微粒。
- **氧化剂：**在氧化还原反应中，氧化数降低的反应物。

作为氧化剂的卤素

氧化剂能获得电子，越容易获得电子，氧化性就越强。因为卤素很容易接受电子，所以它们都是强氧化剂。卤素的氧化能力由大到小排列为：$F_2 > Cl_2 > Br_2 > I_2$。氟能与非常多的有机化合物发生爆炸性反应，因此使用时需要特殊设备。

最常用的卤素是氯和溴。稀释过的漂白剂稀溶液会产生氯气，溴气是一种红棕色腐蚀性液体且具有挥发性。普通家用漂白剂次氯酸钠（NaClO）是一种用于氯化的化合物。部分NaClO在水中会转化为HClO，其反应类似于$HClO^-$。

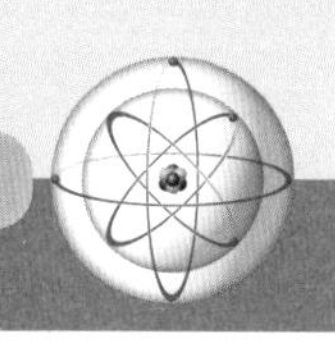

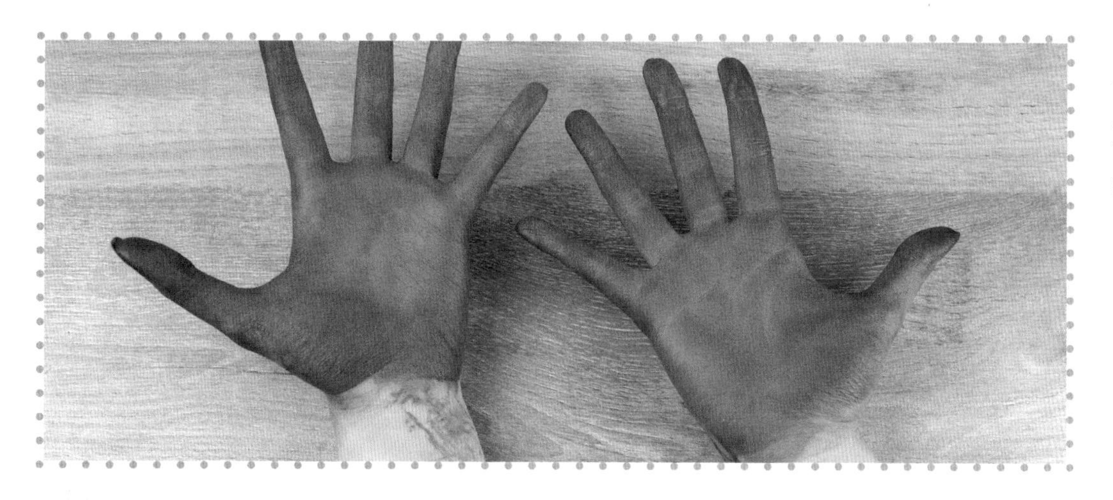

◀ 外科医生通常在手术前用红棕色含碘肥皂洗手。碘具有杀菌消毒的作用，可杀死皮肤上的细菌。

重要的卤素化合物

前面已经讨论了氢氟酸和次氯酸钠这两种非常重要的卤素化合物，虽然它们都有着广泛的工业应用，但并不是唯一重要的卤素化合物。

氟非常活泼，所以它能形成许多化合物就不足为奇了。作为一种离子，氟能与大多数金属和许多非金属反应形成氟化物。氟化物有许多工业用途，如生产铀、塑料和用于强健牙齿的牙膏。氟与有机物反应可形成有机氟化物，这类氟化物常用于空调和制冷。

与氟一样，氯也很活泼，存在许多不同的氯化合物。氯化合物可形成氯化物（Cl^-）、氯酸盐（ClO_3^-）、亚氯酸盐（ClO_2^-）、次氯酸盐（ClO^-）和高氯酸盐（ClO_4^-）。盐酸（HCl）的工业用途十分广泛。氯化合物也可用作氧化剂，它的一种常见用途是漂白。此外，氯还能与有机分子形成化合物，如大多数杀虫剂和一些化学战剂。

溴形成的盐称为溴酸盐（BrO_3^-），溴酸盐是强氧化剂，常用于烟花爆竹。如果饮用水含有溶解于其中的溴化物，并使用臭氧来作为消毒剂，那么也可能会形成溴酸盐。溴酸盐是致癌物。溴化物与有机化合物反应可生成有机溴化物。

碘形成的盐称为碘化物（I^-）和碘酸盐（IO_3^-）。碘对人体很重要，人可通过食物来摄取碘。碘化合物可用于摄影胶片以及伤口清洗或手术前的消毒剂。碘还可以与有机化合物反应形成有机碘，这些有机碘常用于医学研究。

有机卤素化合物

含有卤素的有机化合物称为卤代烃。卤代烃有一个或多个碳原子，这些碳原子通过共价键与一个或多个卤素原子相连。卤化物盐与有机化合物反应时，会自然生成一些卤代烃。不过，这样生成的卤代烃的量非常小。卤代碳化合物的合成始于19世纪初。现在，卤代烃被用于许多不同的产品和工业生产过程。

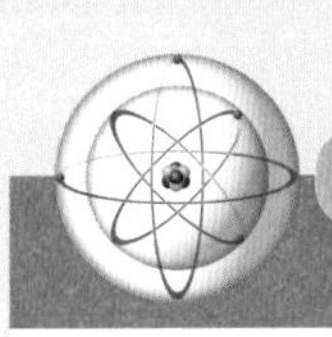

卤代烃可用作溶剂、黏合剂、杀虫剂、制冷剂、耐火油、密封剂、电绝缘涂料、增塑剂和塑料。卤代烃之所以被广泛使用，是因为它们非常稳定，且十分有效。卤代烃通常不受酸或碱的影响，它们中的大多数都不易燃。此外，卤代烃能阻止细菌和霉菌侵入，而且许多卤代烃还能抵抗阳光的侵蚀。然而，这些使其有用的属性也会带来问题。

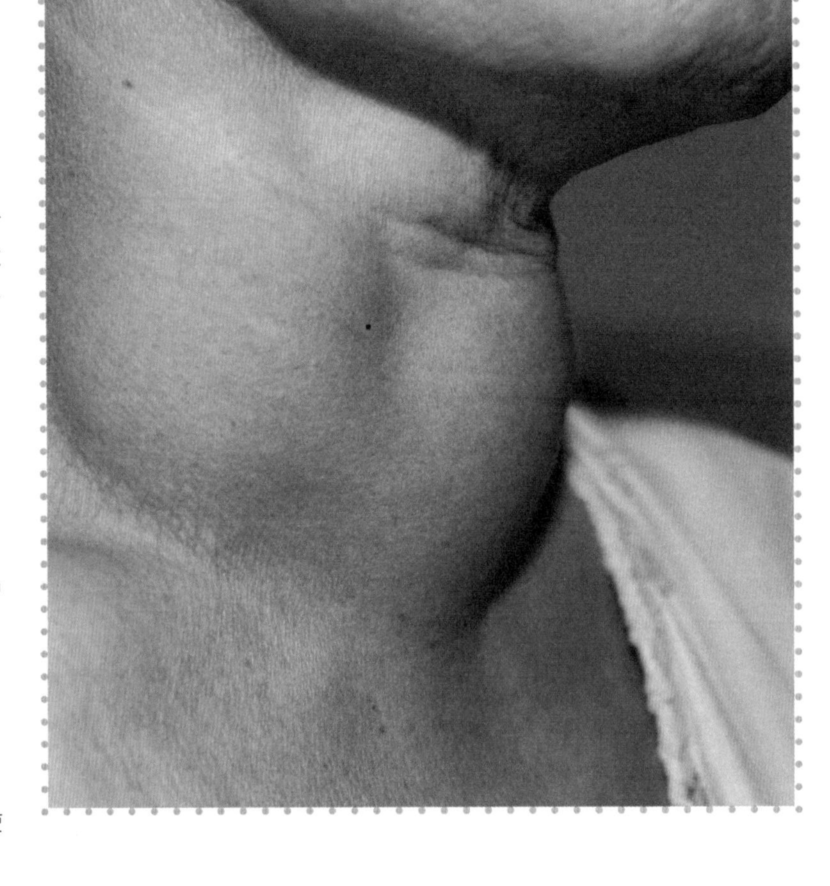

▶ 这个男孩脖子上的肿块叫甲状腺肿。饮食中缺乏碘可能导致出现这种情况。可通过在食盐中添加碘酸钾来补充碘。

▼ 秃鹰曾因卤代烃杀虫剂在其食物链的集中使用而濒临灭绝。

卤代烃能在环境中持久存在，所以其污染是个很棘手的问题。因为卤代烃很稳定，所以它们需要很长时间才能分解，并会在环境中累积。为了避免这种堆积演变为一个大问题，工业用卤代烃数量已经减少；另外，卤代烃的处理和处置也得到了更为有效的监管。

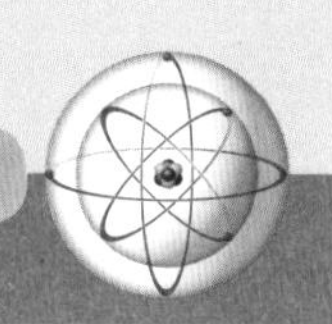

卤素与健康

通常将含氟化合物添加到牙膏、漱口液和饮用水中，以帮助强健牙齿和预防蛀牙。氟化物与牙釉质中的羟基磷灰石晶体结合并使其硬化，这样可以防止蛀牙。一些自来水中含有天然氟化物，因为一些市政当局在饮用水中添加了氟化物。

氯化物对人体也很重要。事实上，氯化物约占人体总重量的0.15%。氯化物有助于人体将体液中的钠离子和钾离子浓度维持在一定水平。另外，氯化物在胃中生成盐酸在帮助食物消化方面也很重要。人体很少缺乏氯化物，因为许多食物中都含有氯化物。

化学在行动

氯气

氯气有毒，应避免使用。许多家用清洁剂含有次氯酸盐漂白剂，使用时应小心。漂白剂和含漂白剂的清洁剂不得与酸混合，因为这样做会释放氯气。氯气会刺激黏膜并可能导致其他健康问题，如肺水肿（肺部积液）。使用家用清洁剂时，请先阅读警示标签并按说明使用。

▲ 氯气是最早被用作化学武器的气体。在第一次世界大战期间，毒气战对很多士兵的肺部造成了不可逆的损伤。

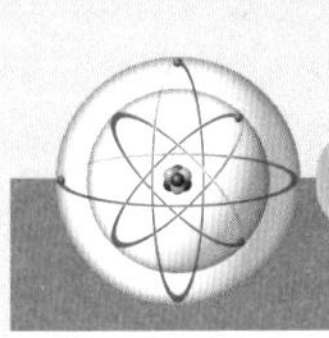

微量碘对人体非常重要。碘约占人体总重量的0.000 04%。甲状腺利用碘产生甲状腺素和三碘酪氨酸，这些激素会影响人体的生长、发育和新陈代谢。食物中的碘很容易被人体吸收，尤其是海鲜。为了确保身体获得足够的碘，人们还在食盐中添加了碘。这种微量碘足够人体所需。

实验室制备

一方面，许多卤素的可用性高，几乎无需在实验室里少量地制备。另一方面，卤素具有很强的反应性，要少量制备也很难。不过话又说回来，人们还是发现了几种有趣的制备游离态卤素的方法。

在氟被发现一百年后，卡尔·克里斯特于1986年发现了一种制备元素氟的新方法。这种方法使无水氢氟酸、氟化锰钾（K_2MnF_6）和氟化锑（SbF_3）在302°F（150℃）的溶液中反应。该方法不适用于工业生产，但也不需要像莫瓦桑的方法那样需要电解。

◀ 亨利·莫瓦桑因在实验室发现氟而获得了1906年的诺贝尔化学奖。

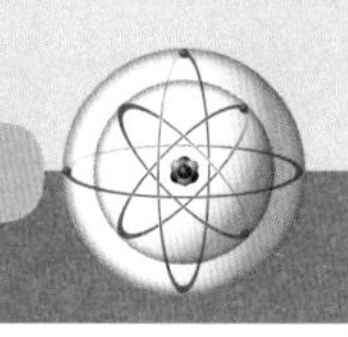

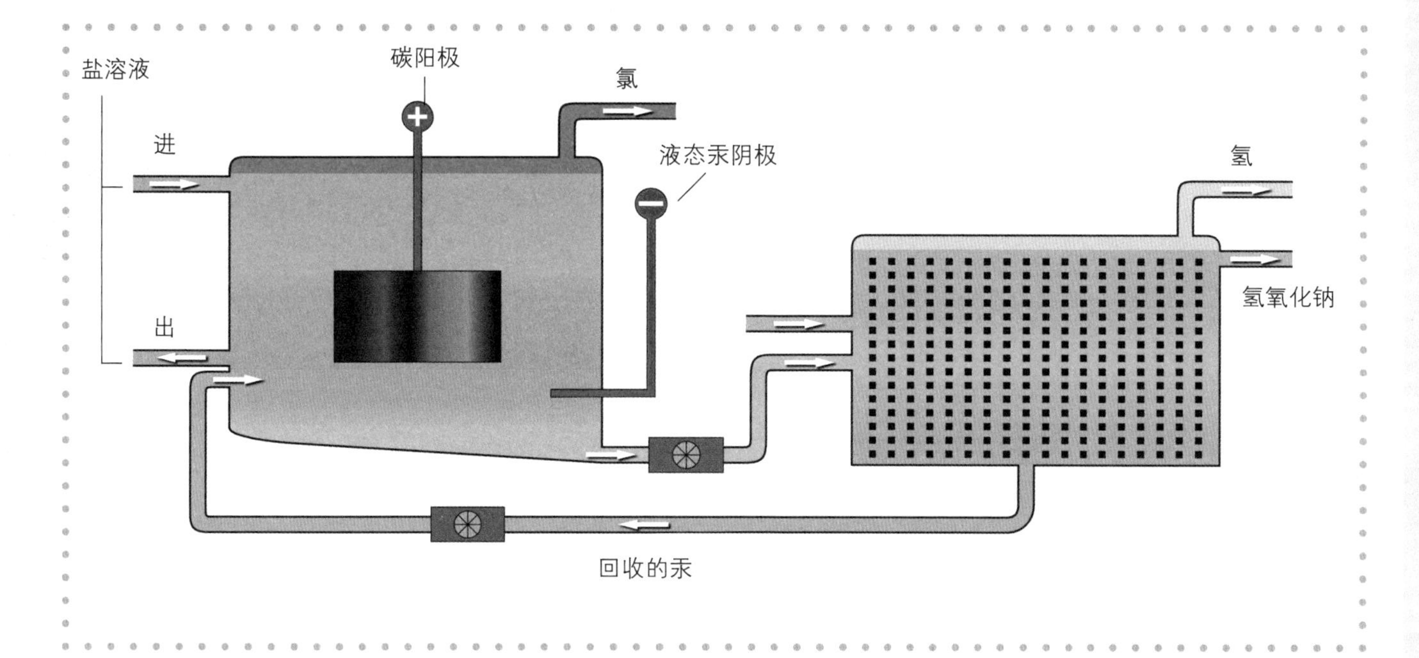

▲ 获取氯的氯碱工艺图示。该工艺利用通过盐水的电流来进行电解，这种方法可同时生产氢气和氢氧化钠。

向氯酸钠溶液中添加浓盐酸会产生氯气。氯气也可通过其他更为复杂的反应来生成。

工业制备

工业制氟仍采用莫瓦桑法，该方法包括电解无水氢氟酸以及添加氢氟化钾（KHF_2）。

氯是被广泛使用的卤素之一。氯的商业化生产可采用几种方法，最常见的是膜电池电解法，又称氯碱法。使用这种方法可同时生成三种有用的工业产品：氯气、氢气和氢氧化钠。该方法的总反应式为：

$$2NaCl + 2H_2O \longrightarrow Cl_2 + H_2 + 2NaOH$$

氯碱工艺在反应池中进行。氯在阳极（正电荷电极）处生成，氢氧化钠和氢在阴极（负电荷电极）处生成。这一工艺的效率较高，可用于大量生产上述三种产品。

创立陶氏化学公司的赫伯特·陶（1866—1930）发现了从卤水沉积物中回收元素溴的电解方法。卤水（盐水）沉积通常伴随石油一起出现。卤水中的溴化合物含量有时会很高。可利用盐水电解生成的溴元素来进行溴化合物的商业化生产。

6 惰性气体

在元素周期表的所有族中，只有一族完全由气体组成。因为这些气体几乎不与其他物质发生反应，所以称其为惰性气体。

被称为惰性气体的化学元素位于元素周期表的第18族。该族包含氦（He）、氖（Ne）、氩（Ar）、氪（Kr）、氙（Xe）和氡（Rn）。这些元素的反应性是所有元素中最弱的。它们不活跃的原因在于其原子拥有完整的外壳电子层，这使得它们非常稳定。

物理性质

所有惰性气体都以单原子形式存在。因为其原子间只有微弱的作用力，所以它们在低温下即可沸腾。因此，在标准温度和压力下，该族所有成员都呈气态。氦的沸点为−452°F（−268.9℃），在所有物质中是最低的。

太阳正慢慢从一个炽热的氢原子球体转变为一个氦原子团。其核心的极端温度和压力将氢原子推到一起，在那里它们融合成氦。

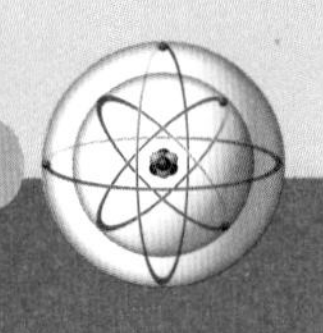

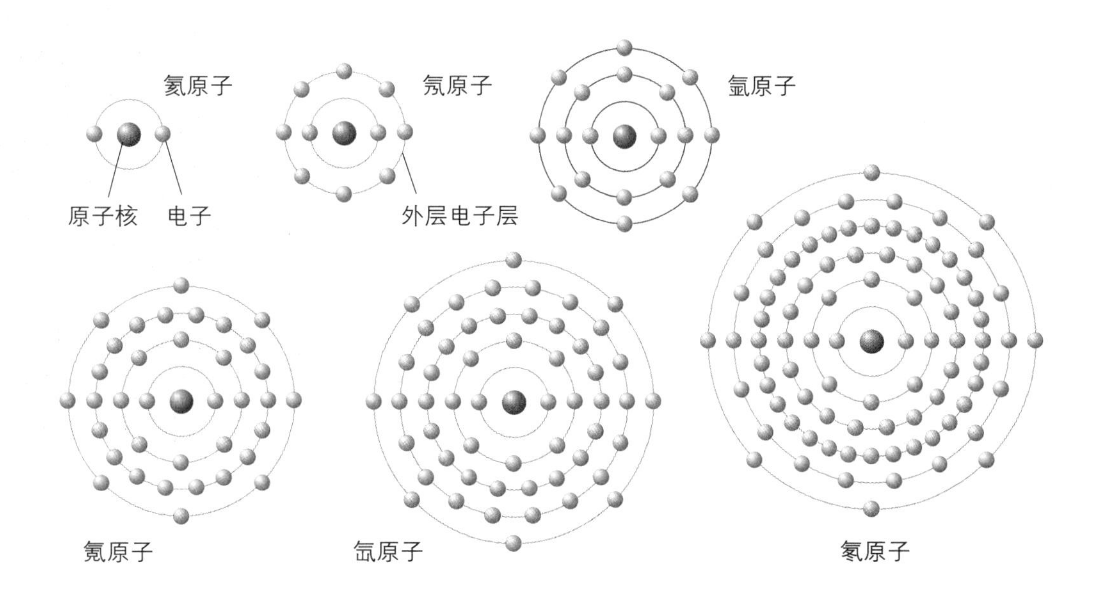

▲ 有六种惰性气体：氦、氖、氩、氪、氙和氡。这些气体拥有一个包含8个电子的完整最外层电子层，这使得它们成为最不活跃的元素。因此，惰性气体不需要通过吸附或失去电子来保持电荷的稳定。

化学性质

由于人们认为它们不形成化合物，所以该族元素最初被称为惰性气体。最早合成这些气体的化合物是在1962年，这方面的记录现在已经非常详尽。氦、氖和氩未形成已知化合物。氪气与氟气反应时会形成无色固体KrF_2。氙气与氧气和氟气反应可形成广泛的化合物，事实上，这些化合物中已知的至少有80种。

惰性气体的发现

最早发现的惰性气体是氩（Ar）。两位英国科学家瑞利勋爵（1842—1919）和威廉·拉姆齐（1852—1916）在1894年的一次实验中发现了这种物质，当时他们去除了空气中的氧气和氮气。由于氩气约占空气的1%，所以它构成了剩余气体的主体。“Ar”在希腊语中是“不活跃”的意思。

威廉·拉姆齐于1895年发现了氦气。他试图在矿物质中寻找氩，但却发现了氦。1909年，另外两位英国科学家欧内斯特·卢瑟福（1871—1937）和托马斯·罗伊兹（1884—1955）确认，放射性衰变产生的α粒子是氦核。

拉姆齐和莫里斯·特拉弗斯（1872—1961）于1898年发现了氪和氖。他们在研究液化空气的组成成分时发现了这两种气体。

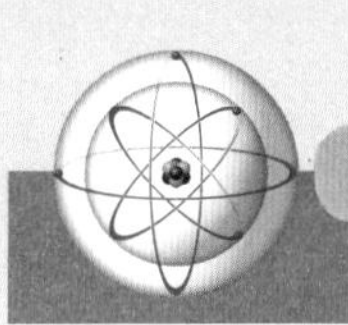

1900年，德国物理学家弗里德里希·恩斯特·多恩（1848—1916）在研究镭的过程中发现了氡。氡是镭放射性衰变链的一部分。1908年，威廉·拉姆齐和罗伯特·怀特劳-格雷（1877—1958）分离出氡并测定了氡的密度。氡是已知最重的气体。

化学在行动

霓虹灯

霓虹灯的灯管中填充有氖气。当电流通过灯管时，氖原子中的电子就会发出红色的光。如果加入少量氩、汞或磷，则会发出其他颜色的光。在发现氖气4年后，第一盏霓虹灯诞生了。

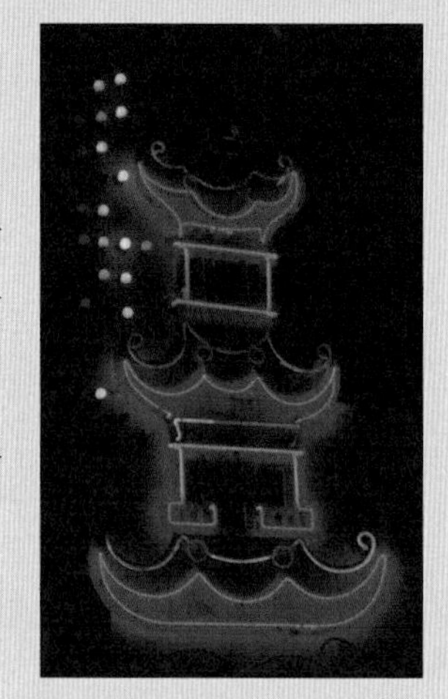

▶霓虹灯常用于建筑物的夜间照明。

惰性气体的用途

虽然惰性气体几乎没有反应性，但其中一些气体仍具有商业价值。例如，氦、氩和氖可用于多种场合，而氪、氙和氡则不是。

▼ 氦气球是惰性气体带来的好处之一。

氦是最具商业用途的惰性气体。氦的沸点是所有物质中最低的，故液氦常被用来使物体保持极冷状态。作为液体，氦没有黏性，是公认的超流体。超流体可用在一些研究仪器中，如用来进行重力研究的精密陀螺仪。

关键词

- **放射性元素：**自发地从不稳定的原子核内部放出粒子或射线，同时释放出能量，最终衰变形成稳定的元素而停止放射的元素。
- **衰变链：**一个放射性核素递次衰变到一个稳定核素的整个过程。

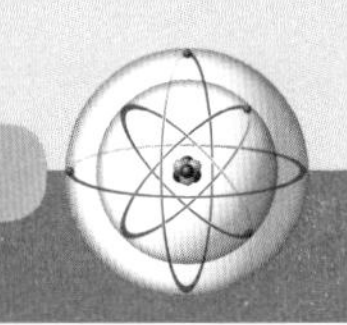

氦可用于聚会上的气球和比空气轻的飞行器（如飞艇）。氦气的升力几乎和氢气一样大，但与氢气不同的是，氦气不易燃。氦气还具有工业用途，如可用作核反应堆的冷却剂和液体燃料火箭的加压。

白炽灯泡中填充有氩气。即使在高温下，氩也不会与白炽灯泡的灯丝发生反应，它作用很大。在某些焊接中，氩还可作为气体保护层来防止形成氧化物。氩气

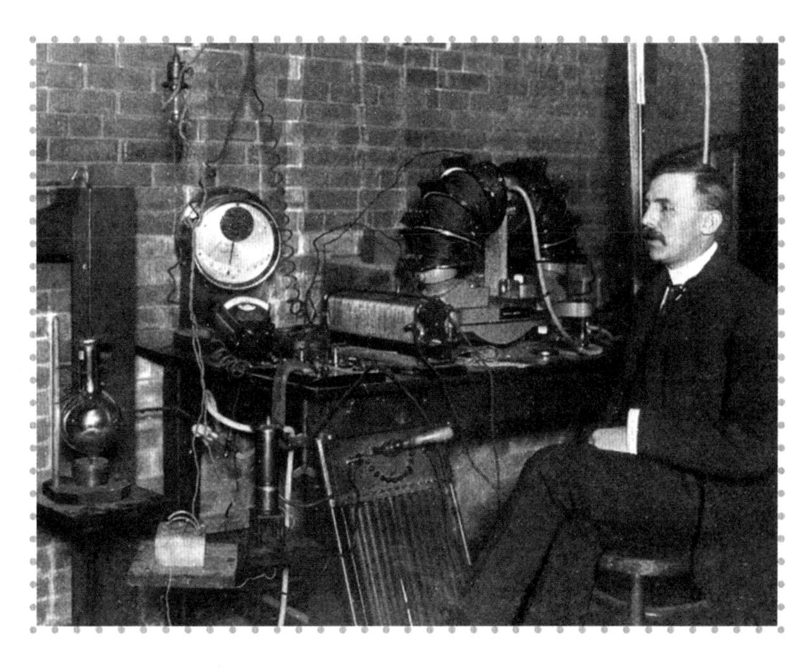

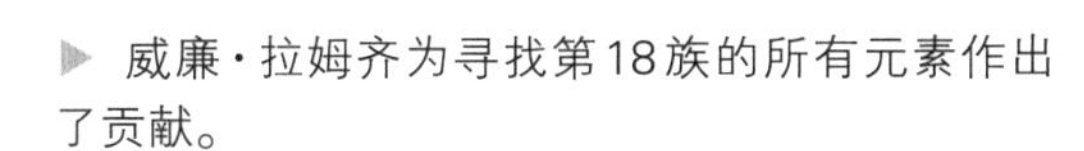

▶ 威廉·拉姆齐为寻找第18族的所有元素作出了贡献。

近距离观察

混合气体潜水

由于压力增加时氮气和氧气的影响，潜水员通常只能在较浅的水域潜水。混合气体潜水使用氦气和氧气的混合物。用氦气代替氮气可避免以下几个问题。首先，在深海，氮气会使潜水员感觉迟钝，昏昏欲睡。其次，氮气会在血液中溶解。如果潜水员游回水面时的速度过快，溶解的氮气就会从溶液中回流至血液，并在血液中形成气泡。这些气泡会导致减压病，而这可能是致命的。

▶ 这名潜水员正在呼吸氦气和氧气组成的混合气体。添加氦气是因为纯氧会导致深度眩晕、恶心和痉挛。

的导热性不好，所以它既可用来填充隔热窗的玻璃窗格，又可用来填充潜水员在非常寒冷的水域中穿着的干衣。此外，氩还用于一些博物馆的保护项目，如防止空气中的氧气或水蒸气损坏重要的书籍和文件。

氖最常用于霓虹灯。不过氖还有许多其他用途，如用于电视机显像管、真空管、高压指示器和避雷器。在一些不需要液氦那么冷的低温应用中，可使用液氖。

工业制备

低温（冷冻）蒸馏是生产超纯稀有气体的主要方法。尽管这个过程需要消耗相当多的能量，但是会产生液态空气。该过程首先将空气冷却，并去除所有水蒸气和二氧化碳。然后，使空气经过若干步压缩和冷却，直至液化。在这个过程中会产生大量的液氮和液氧。接下来，可通过提高温度将不同气体从液态空气中分离出来。每种元素都有自己的沸点，所以当气体从液态变为气态时，就可进行收集。对所有惰性气体来说，氩气在空气中的占比最大。

氦气还可与天然气混合。通过液化天然气蒸馏可进行氦气的商业化生产。

氡

氡是非常重的气体之一，其原子质量为222。氡有20种同位素，但都不稳定。所有氡同位素都具有放射性，并且半衰期很短。氡-222是最稳定的氡同位素，其半衰期为3.8天。氡-222是镭-226的衰变产物，它在衰变时会释放 α 粒子（氦核）。氡-220是钍的自然衰变产物（钍射气），其半衰期

空气中各惰性气体的浓度：

氩（Ar）	0.934%
氦（He）	0.005 24%
氖（Ne）	0.001 818%
氪（Kr）	0.001 14%
氙（Xe）	0.000 9%

惰性气体激光器

氦-氖激光器可产生红色光束。激光器的主体是一个充满氦和氖的玻璃管，它有两个电极。当电流通过玻璃管时，气体通电。于是，该管一端的镜子将激光束引向该管的另一端。这些激光器可用于许多光学应用，如条形码扫描仪和眼科手术。此外，绿色氩激光也可用于眼科手术、氪激光可用于科学研究和灯光表演、氙激光主要用于科学研究。

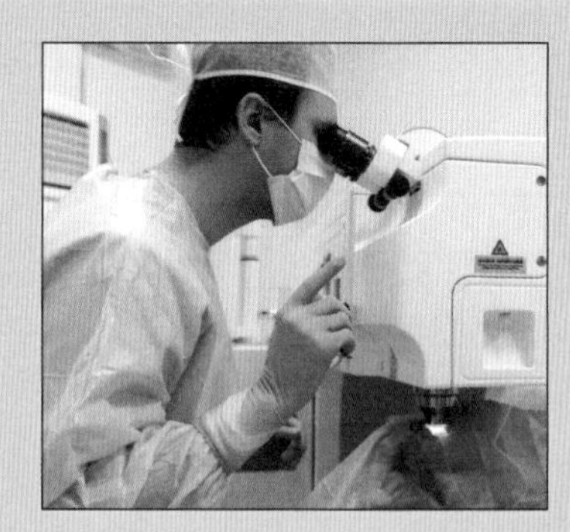

▶ 一只眼睛正在接受红色氦-氖激光的治疗。光束可以穿过眼睛的前部到达后部，无需手术。

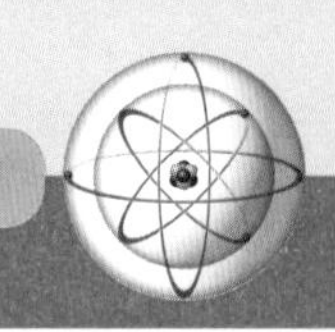

为55.6秒，衰变时也会释放α粒子。氡-219由锕衍生而来（锕射气），它的半衰期为3.96秒，衰变时同样会释放α粒子。

氡通常存在于土壤、地下水和洞穴中，因为这些地方会聚集氡。地下放射性矿物质的含量决定了这些地方的氡含量。当与空气接触时，氡会迅速扩散。实际上，一些地区的建筑物能够从土壤中截留氡，并使地下室中累积高浓度氡。

半衰期很短的氡可能导致肺癌，因而对人体健康十分有害。虽然人体内的氡只需数天时间即可清除，但它的某些衰变产物的半衰期却要长得多，也就是说，这些衰变产物会在肺部停留更长的时间，并对肺部造成损害。有研究表明，氡是仅次于吸烟的第二大肺癌病因。

▲ 美国的许多房屋都必须在地下室安装排气扇，以防止氡积聚。氡对健康有害。

◀ 某些类型的岩石含有放射性元素，如铀或镭。在放射性元素衰变的过程中，它们会分解成其他元素。有些元素在衰变时会形成氡。然后，氡可通过岩石的裂缝逸出，并聚集在房屋下方的空间中。

元素周期表

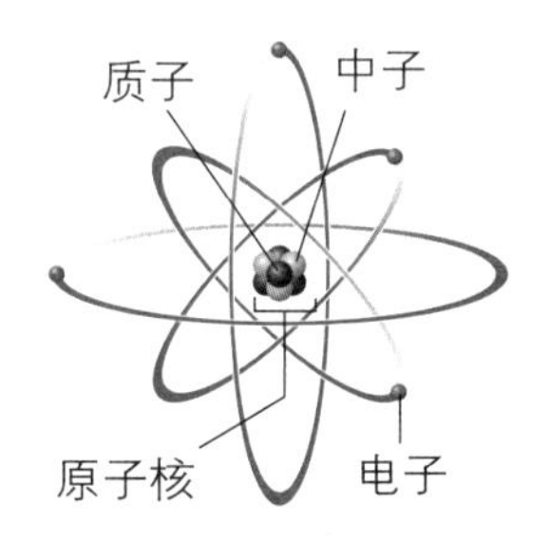

原子结构

元素周期表是根据原子的物理和化学性质将所有化学元素排列成一个简单的图表。元素按原子序数从1到118排列。原子序数是基于原子核中质子的数量。原子量是原子核中质子和中子的总质量。每个元素都有一个化学符号，是其名称的缩写。有一些是其拉丁名称的缩写，如钾就是拉丁名称

33 As 砷 74.92160(2)	
33	原子序数
As	元素符号
砷	元素名称
74.92160(2)	原子量

图例：氢；碱金属；碱土金属；金属；镧系元素

	ⅠA	ⅡA	ⅢB	ⅣB	ⅤB	ⅥB	ⅦB	ⅧB	ⅧB
1	1 H 氢 1.00794(7)								
2	3 Li 锂 6.941(2)	4 Be 铍 9.012182(3)							
3	11 Na 钠 22.989770(2)	12 Mg 镁 24.3050(6)							
4	19 K 钾 39.0983(1)	20 Ca 钙 40.078(4)	21 Sc 钪 44.955910(8)	22 Ti 钛 47.867(1)	23 V 钒 50.9415	24 Cr 铬 51.9961(6)	25 Mn 锰 54.938049(9)	26 Fe 铁 55.845(2)	27 Co 钴 58.933200(9)
5	37 Rb 铷 85.4678(3)	38 Sr 锶 87.62(1)	39 Y 钇 88.90585(2)	40 Zr 锆 91.224(2)	41 Nb 铌 92.90638(2)	42 Mo 钼 95.94(2)	43 Tc 锝 97.907	44 Ru 钌 101.07(2)	45 Rh 铑 102.90550(2)
6	55 Cs 铯 132.90545(2)	56 Ba 钡 137.327(7)	57-71 La-Lu 镧系	72 Hf 铪 178.49(2)	73 Ta 钽 180.9479(1)	74 W 钨 183.84(1)	75 Re 铼 186.207(1)	76 Os 锇 190.23(3)	77 Ir 铱 192.217(3)
7	87 Fr 钫 223.02	88 Ra 镭 226.03	89-103 Ac-Lr 锕系	104 Rf 𬬻 261.11	105 Db 𬭊 262.11	106 Sg 𬭳 263.12	107 Bh 𬭛 264.12	108 Hs 𬭶 265.13	109 Mt 鿏 266.13

镧系元素	57 La 镧 138.9055(2)	58 Ce 铈 140.116(1)	59 Pr 镨 140.90765(2)	60 Nd 钕 144.24(3)	61 Pm 钷 144.91
锕系元素	89 Ac 锕 227.03	90 Th 钍 232.0381(1)	91 Pa 镤 231.03588(2)	92 U 铀 238.02891(3)	93 Np 镎 237.05

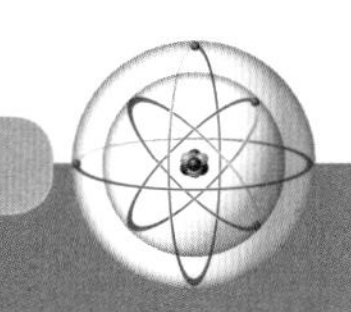

缩写。元素的全称在符号下方标出。元素框中的最后一项是原子量，是元素的平均原子量。

这些排列好的元素，科学家们将其垂直列称为族，水平行称为周期。

同一族中的元素其原子最外层中都具有相同数量的电子，并且具有相似的化学性质。周期表显示了随着原子内外层电子数量的增加逐渐变得稳定。当所有的电子层都被填满（第18族原子的所有电子层都被填满）时，将开始下一个周期。

- 锕系元素
- 稀有气体
- 非金属
- 类金属

ⅧB	ⅠB	ⅡB	ⅢA	ⅣA	ⅤA	ⅥA	ⅦA	ⅧA
								2 He 氦 4.002602(2)
			5 B 硼 10.811(7)	6 C 碳 12.0107(8)	7 N 氮 14.0067(2)	8 O 氧 15.9994(3)	9 F 氟 18.9984032(5)	10 Ne 氖 20.1797(6)
			13 Al 铝 26.981538(2)	14 Si 硅 28.0855(3)	15 P 磷 30.973761(2)	16 S 硫 32.065(5)	17 Cl 氯 35.453(2)	18 Ar 氩 39.948(1)
28 Ni 镍 58.6934(2)	29 Cu 铜 63.546(3)	30 Zn 锌 65.409(4)	31 Ga 镓 69.723(1)	32 Ge 锗 72.64(1)	33 As 砷 74.92160(2)	34 Se 硒 78.96(3)	35 Br 溴 79.904(1)	36 Kr 氪 83.798(2)
46 Pd 钯 106.42(1)	47 Ag 银 107.8682(2)	48 Cd 镉 112.411(8)	49 In 铟 114.818(3)	50 Sn 锡 118.710(7)	51 Sb 锑 121.760(1)	52 Te 碲 127.60(3)	53 I 碘 126.90447(3)	54 Xe 氙 131.293(6)
78 Pt 铂 195.078(2)	79 Au 金 196.96655(2)	80 Hg 汞 200.59(2)	81 Tl 铊 204.3833(2)	82 Pb 铅 207.2(1)	83 Bi 铋 208.98038(2)	84 Po 钋 208.98	85 At 砹 209.99	84 Rn 氡 222.02
110 Ds 𫟼 (269)	111 Rg 𬬭 (272)	112 Cn 鿔 (277)	113 Uut * (278)	114 Fl 𫓧 (289)	115 Uup * (288)	116 Lv 𫟷 (289)		118 Uuo * (294)

62 Sm 钐 150.36(3)	63 Eu 铕 151.964(1)	64 Gd 钆 157.25(3)	65 Tb 铽 158.92534(2)	66 Dy 镝 162.500(1)	67 Ho 钬 164.93032(2)	68 Er 铒 167.259(3)	69 Tm 铥 168.93421(2)	70 Yb 镱 173.04(3)	71 Lu 镥 174.967(1)
94 Pu 钚 244.06	95 Am 镅 243.06	96 Cm 锔 247.07	97 Bk 锫 247.07	98 Cf 锎 251.08	99 Es 锿 252.08	100 Fm 镄 257.10	101 Md 钔 258.10	102 No 锘 259.10	103 Lr 铹 260.11